Peter Grunert

Pu-erh

W0368329

Mythen, Legenden und Wahrheiten über einen ungewöhnlichen Tee aus Yunnan

KERNVERLAG

Die Studien und Erkenntnisse über die Anwendung von Pu-erh wurden sorgfältig recherchiert und nach bestem Wissen und Gewissen wiedergegeben. Alle Informationen ersetzen aber in keinem Fall ärztlichen Rat und ärztliche Hilfe. Bei erkennbaren Krankheiten ist auf jeden Fall ein Arzt aufzusuchen. Der Verlag und Autor übernehmen keinerlei Haftung für Schäden, die sich durch Anwendung der dargestellten Behandlungsmethoden oder Rezepturen ergeben und übernehmen auch keinerlei Verantwortung für medizinische Forderungen.

Grunert, Peter:	Pu-erh Mythen, Legenden und Wahrheiten über einen ungewöhnlichen Tee aus Yunnan.
Umschlag, Titelfoto:	KAOS Kreativ Agentur, Leutkirch (D)
Gesamtherstellung:	Frasnelli-Keitsch Gen.m.b.H., Bozen (I)
Druck:	cierre grafica, sommacampagna (I)

1. Auflage 1999:	30.000
Copyright 1999:	KERN-Verlag, CH-4629 Fulenbach

Das Werk einschließlich aller seiner Teile ist urheberrechtlich geschützt.
Jede Verwendung außerhalb der engen Grenzen des Urheberrechtsgesetzes ist ohne Zustimmung des Verlages unzulässig und strafbar. Das gilt insbesonders für Vervielfältigungen, Übersetzungen, Mikroverfilmungen und die Verarbeitung in elektronischen Systemen.

Alle Rechte vorbehalten.
Printed in Italy 1999.

Inhaltsverzeichnis

Vorab möchte ich mich bei den Helfern im fernen Yunnan bedanken, ohne deren Mithilfe dieses Buch nie entstanden wäre.

Vor allem Edward Tai von *der Yunnan Tea Import & Export Corp.* und Hu Zhaojun vom *All-China Federation of Supply and Marketing Cooperatives Hangzou Tea Research Institute* seien hier namentlich erwähnt, ebenso dürfen auch die hilfsbereiten Studenten und Mitarbeiter der Universität Yunnan und des Botanischen Gartens in Yunnan nicht vergessen werden. Ihnen allen gilt mein Dank für ihre rasche und informative Hilfe.

Zum Buch

Erstmals wurde ich vor etwas mehr als zwei Jahren mit dem Begriff "Pu-erh" konfrontiert, als ich an einem Buch über Grüntee arbeitete. Da aber kaum jemand diesen Tee wirklich kannte und selbst chinesische Freunde nicht viel über ihn zu berichten wußten, erlosch mein Interesse daran bald wieder, zumal er sich damals nicht so recht in die Kategorie der grünen Tees einreihen lassen wollte. Vor einigen Monaten erhielt ich dann aber immer häufiger Anfragen von Privatpersonen und auch von Verlagen nach diesem seltenen Tee, und mein Interesse wurde neu entfacht. Wie immer in solchen Fällen, begann ich nach ausführlichem Material zu recherchieren und mußte zu meinem Erstaunen feststellen, daß dies gar nicht so einfach war. Selbst der inzwischen für jeden Fachbuchautor unentbehrlich gewordene "Helfer Internet" wußte nicht viel Rat. Zwar kann man dort unter dem Suchbegriff "Pu-erh" einige Seiten finden, doch sie enthalten alle ausnahmlos nur wenige Sätze über diese chinesische Teespezialität. Wer so wie ich seit Jahren auch journalistisch tätig ist, wird in solch einem Fall dann erst recht neugierig, und eine Art automatisierte Trotzreaktion setzt ein.

Nach wenigen Wochen hatte ich dann auch einiges an Teeliteratur auf meinem Schreibtisch, in der ich ein wenig mehr über diesen besonderen Tee erfuhr. Je mehr ich aber las, desto weniger wirklich neue Fakten tauchten auf. Irgendwie kam mir ein Buchinhalt wie der andere vor. Ob die Bücher nun aus dem englischsprachigen Raum kamen – und "Tea in the East", "All chinese teas" oder "All the tea in China" hießen – oder auch deutschsprachige Übersetzungen wie etwa "Heilen mit Chinatees" waren, sie glichen sich inhaltlich in bezug auf Pu-erh-Tee wie ein Ei dem anderen. Gegen Ende des Jahres 1998 erhielt ich dann ein kleines Büchlein mit dem Titel "Pu-erh – Roter Tee aus China" und stellte fest, daß zwar alle Informationen zum Tee sich ebenso wie in den zuvor genannten Büchern darstellten, doch erstmals konnte ich einen kleinen Unterschied erkennen: Der Autor hatte die Spezies der Teepflanze als *Camellia assamica* eingeordnet, während alle englischsprachigen Quellen die *Camellia sinensis* als Ursprungspflanze des Tees nennen. Da *assamica* aber von Assam kommt, einem Landstrich in Indien, und diese Spezies erst um 1823 entdeckt und botanisch eingeordnet wurde, konnte ich mir nicht vorstellen, daß dieser im asiatischen Raum bereits seit mehr als einem Jahrtausend bekannte Tee aus einer botanisch relativ jungen Pflanzengattung gewonnen wird. Von diesem Moment an begann ich mit detektivischer Kleinarbeit zu ermitteln, was es mit dem so geheimnisvollen Pu-erh-Tee wirklich auf sich hat.

Mir ging es dabei nicht um Besserwisserei oder Autorenschelte, sondern um Richtigstellung und Schaffung eines eigenen Wissensstandes über diesen geheimnisvollen Tee, der da plötzlich in aller Munde war. Nach einigen Wochen intensivster Recherche wurde mir dann langsam klar, warum es so wenig Fachliches über den Pu-erh-Tee gibt: Die Details der Verarbeitung, vor allem der Fermentierung und Post-Fermentierung werden in China als eine Art Staatsgeheimnis behandelt. Ähnlich wie jahrzehntelang das Coca-Cola-Rezept in verschlossenen Tresoren des US-Herstellers gehütet wurde, bekommt man aus China keine oder nur spärliche Informationen zu Pu-erh-Tee. Dennoch ist es inzwischen möglich, über private Kontakte, aber auch über staatliche Stellen, einiges in Erfahrung zu bringen, wenn man nur hartnäckig genug ist.

Die Ergebnisse meiner Nachforschungen sowie eigene Erfahrungen mit dem Pu-erh-Tee habe ich nun in diesem Ratgeber zusammengefaßt. Obwohl auch mir nicht alle Geheimnisse um die Herstellung dieses speziellen Tees völlig offenbart wurden, hoffe ich auf diesem Weg der immer größer werdenden Schar der Pu-erh-Tee-Liebhaber das Wichtigste um diesen wohl einmaligen Tee zu erklären und falsche Informationen zu korrigieren.

Der Autor

Ein Tee der Mythen und Legenden

Die Legende von Shen Nong und anderen "Tee-Erfindern"

Es ist selbst in China, dem Heimatland des Tees, heute nicht mehr exakt nachvollziehbar, "wer, wann, wo und wie" den Tee erfunden hat. In zahlreichen neuzeitlichen Veröffentlichungen wird der um 100 v.Chr. lebende chinesische Arzt *Shen Nong* genannt, der als chinesischer Vater der Pflanzenheilkunde gilt. Die Legende sagt, daß bei der Zubereitung von abgekochtem Wasser, von *Shen Nong* stets aus hygienischen Gründen verwendet, einige Blätter von einem Teebaum in den Topf mit dem kochenden Wasser gefallen seien, woraufhin der Arzt diesen Sud probiert und dann als Heilmittel und Getränk getestet hätte. Das liest sich zwar ganz nett, kann aber so kaum richtig sein, denn der Tee, chinesisch "Cha" genannt, wurde bereits rund 2700 v.Chr. erwähnt und war somit lange vor *Shen Nong* als Heilmittel bekannt. Auch in der Han-Dynastie um 200 v.Chr. war Tee bestens bekannt. Eine andere Legende, die zumindest zeitlich eher zutreffen könnte, berichtet vom Kaiser *Shen Nung* (2737 v.Chr.), der sehr auf Sauberkeit achtete und sich aus diesem Grund sein Trink- und Gebrauchswasser abkochen ließ. Einmal wehte ein Windstoß Teezweige aus dem Feuer in den Kessel, und die gaben dem Wasser ein neues Aroma. Hier mag ein Lese- oder Übersetzungsfehler aus *Nung* dann *Nong* gemacht und so eine Zeitversetzung von mehr als 2500 Jahren erzeugt haben.

Welche dieser Legenden auch richtig sein mag, soll dahingestellt bleiben. Tatsache ist, daß die Entdeckung, Teeblätter in heißem Wasser aufzubrühen und den Sud dann zu trinken, einem reinen Zufall entsprungen ist, wie bei zahlreichen anderen Nahrungs- und Heilmitteln auch.

Erstmals schriftlich näher beschrieben wurde der Tee im 8. Jahrhundert. Der Schriftsteller *Luh Yü* schrieb im Auftrag einiger Teehändler eine dreibändige Buchreihe über den Tee. Er war von dem Getränk so begeistert, daß diese Bücher zu einer einzigen Lobeshymne auf den Tee wurden. Dies machte *Luh Yü* zu einem der ersten Schutzpatrone für Tee. Bekannter wurde aber das Buch "Kuan Cha lun", das auch noch heute als eine Art "Bibel für Teeliebhaber" angesehen wird. Es wurde vom Kaiser *Hui Tsung* (1101–1126) verfaßt, der trotz seiner Jugend bereits über ein außergewöhnliches Wissen um die Kunst des Teezeremoniells verfügte.

Cha und Daye

茶

Natürlich waren diese ersten Teebücher alle in Chinesisch verfaßt, und so wurde das schriftliche Wissen um die Heilwirkungen des Tees auch anfänglich nur in jener Sprache verbreitet. Vor allem die so völlig andere chinesische Sprache, ihre unterschiedlichen Dialekte und ihre für uns meist unverständlich und geheimnisvoll wirkenden Schriftzeichen haben im Laufe der Zeit für zahlreiche Irrungen und Verwirrungen bei Übersetzern und Wissensdurstigen geführt. So ist der Name "Tee" auch auf diese Art entstanden: Während das Schriftzeichen für Tee in Mandarin-Chinesisch wie "cha" gesprochen wird, lesen es die Südchinesen in ihrem Kanton-Chinesisch als "daye", was "däh" ausgesprochen wird. Die ersten westlichen Seeleute, die Teepflanzen für die Verschiffung nach Europa in südchinesischen Häfen verluden, hörten also immer wieder, wie die Kulis von "däh" sprachen, und bald war daraus in ihrem Sprachgebrauch Té, Tea oder Tee geworden, je nachdem, aus welchem Land die Seeleute stammten und welches ihre Heimatsprache war. Derjenige Tee, der auf dem Landweg über Indien in den arabischen und später auch den slawischen Raum gelangte, wurde von Händlern transportiert, die ebenso wie ihre Hilfskräfte Mandarin sprachen. So ist die Bezeichnung für Tee auch heute noch im Sprachgebrauch jener Länder von "cha" abgeleitet.

Liest man also in der Literatur von einer "Daye-Pflanze", so wird darunter meist die Teepflanze allgemein verstanden und keine besondere Camellia-Spezies.

"Tee der Kaiser" oder Nahrungsmittel des Volkes?

In dem Büchlein "Pu-erh – Roter Tee aus China" las ich, daß der Pu-erh-Tee früher als wertvollster Tee nur den Kaisern zustand und deshalb in China als "Tee der Kaiser" bekannt sei. "Er durfte vom Volk nicht getrunken werden", berichtet der Autor, was mich ein wenig verwunderte, denn wer sich mit der Teegeschichte beschäftigt hat, der weiß, daß Tee in China das traditionelle Volksgetränk schlechthin war und ist. Ich fragte deshalb in Yunnan bei der Gesellschaft nach, die den Pu-erh-Tee herstellt und vertreibt. So erfuhr ich, daß dieser Tee vor allem vom einfachen Volk in derjenigen Region geschätzt, gehandelt und getrunken wurde, in der er wächst und verarbeitet wird. Erst im 18. Jahrhundert wurde der Handel mit dem Pu-erh-Tee auch von staatlichen Stellen kontrolliert. Zweck dieser Kontrolle war aber nicht, den Tee dem einfachen Volk vorzuenthalten, sondern ihn versteuern zu können. Bis dahin war er eine Handelsware vor allem der kleinen Teehändler aus dem Gebiet der Region Pu'er, die diesem Tee auch seinen Namen gaben. Von einigen Studenten der Universität in Yunnan erfuhr ich, daß man in Notzeiten, wenn wieder einmal feindliche Banden über die Lande zogen und brandschatzten, die Teeblätter auch als Suppe kochte und so als Nahrungsmittel gegen den Hunger zu sich nahm.

Qingmao, der "Große König der Bäume"?

Im Buch "Heilen mit Chinatees" las ich begeistert von einem "Qingmao-Teebaum, den die Menschen von Yunnan den ‚König aller Teebäume' nennen". Weiter las ich zu dem Baum: "... hat eine Höhe von 32,1 Metern, einen 1,03 Meter dicken Stamm und soll fast 2000 Jahre alt sein!"

Nach meinen Kenntnissen über Baumwuchs allgemein und Teegewächse im speziellen versuchte ich mir einen mehr als 30 Meter hohen Baum – immerhin die Höhe eines achtstöckigen Gebäudes – mit einer Stammstärke über dem Boden von nur rund 1 Meter bei den peitschenden Monsunstürmen der Regenzeit in Asien vorzustellen, der dies 2000 Jahre lang überstehen könnte. Irgendwie widersprach das meiner (zugegeben) inzwischen subjektiven Vorstellungskraft. In dem kleinen Buch "Pu-erh – Roter Tee aus China" war der Baum dann auch nur noch 800 Jahre alt, aber immer noch 30 Meter hoch. Die Stammstärke wurde diesmal nicht vermerkt. Auf den Hinweis eines Yunnan-Studenten hin konnte ich dann endlich eine Fotografie des gewaltigen Baumes betrachten, die inzwischen auch im Internet zu sehen ist.

Der "Große König der Teebäume" (Great King of Tea Trees), wie er in China genannt wird, zählt zu einer der Sehenswürdigkeiten Yunnans und ist inzwischen eine vom Staat geschützte "Naturrarität zweiter Klasse". Er steht im Tal von Banpozhai Village am Fuß des Nannushon-Berges im Landkreis Menghai (*Menghai County*) und ist eines der zahlreichen Touristenziele jener Region.

Der Baum ist 5,5 Meter hoch, und sein Stamm hat einen Durchmesser von 1,38 Metern. Wenn er in voller Pracht erblüht, bedecken seine Äste und Blätter eine Fläche von rund 20 m^2. Er ist mehr als 800 Jahre alt und stellt nach chinesischen Angaben ein echtes Wunder der Teekultivierung in China dar. Trotz seines hohen Alters verfügt er noch über dicke, große Blätter, die einen aromatischen Tee hervorbringen. Er ist mithin ein echtes Denkmal in der Teegeschichte und ein immer wieder interessantes Objekt für alle Teeforscher.

Nun wollte ich noch wissen, was dieser in der bisherigen Literatur stets erwähnte "Qingmao-Teebaum" ist. Gibt es möglicherweise noch einen Urvater der Teebäume, oder ist "Qingmao" eventuell der Gattungsname einer bestimmten Teebaumart, den ich noch nicht kannte? Diese Fragen stellte ich der *Yunnan Tea Corp.* und dem *All-China Federation of Supply and Marketing Cooperatives Hangzou Tea Research Institute* und erhielt daraufhin folgende Antwort:

",Qingmao' ist die Bezeichnung für bestimmte Teeblätter, die vom Baum geerntet, aufgebrochen, gewalkt und angetrocknet sind. Sie sehen dann grüngesprenkelt aus und sind grober, was in Yunnan als ,Qingmao' bezeichnet wird."

Dies trifft vor allem auf die Blätter des Pu-erh-Tees zu, und so hat sich der Begriff im chinesischen Sprachgebrauch und vor allem bei Übersetzungen von Texten inzwischen bei Beschreibungen über Pu-erh-Tee eingebürgert. Es gibt also keinen Qingmao-Baum, sondern nur Qingmao-Blätter, die nach den ersten Bearbeitungsstufen wegen ihres speziellen Aussehens und Zustandes so genannt werden.

Wo liegt eigentlich Pu'er?

Da sich bis zu diesem Punkt meiner Nachforschungen zahlreiche Berichte über den Baum, aus dessen Blättern Pu-erh-Tee gewonnen wird, sowie seine Geschichte und die Region, in der er wächst, als falsch erwiesen hatten, begann ich nach der Stadt Pu'er zu suchen, die nach zahlreichen, vor allem englischsprachigen Berichten die Namensgeberin für den Tee sein sollte. Dort erhoffte ich mir, die besten Informationen zu erhalten. Während ich aus einer Quelle erfuhr, daß in und um Pu'er gar kein Tee wächst, er sei nur aus den Bergregionen dorthin transportiert, da gesammelt und weiterverarbeitet worden, konnte ich den deutschsprachigen Quellen entnehmen, daß der Tee seinen Namen von der Präfektur Pu-Erh erhalten hätte, in der er wächst und gehandelt wird.

Da ich in allen mir zur Verfügung stehenden Nachschlagewerken keine Stadt namens Pu'er oder Pu-erh finden konnte, wandte ich mich an verschiedene Stellen in Yunnan und bekam folgende offizielle Erklärung:

"Pu-erh ist der Name eines Landkreises in Yunnan, der als Zentrum der Teegeschichte bekannt geworden ist. *Pu-erh County*, so die englische Übersetzung, liegt im südlichen Yunnan, in der Präfektur Xishuanbanna im Simao-Distrikt."

Nun wußte ich wenigstens, in welchen geographischen und klimatischen Regionen ich nach dem Ursprung des sich immer geheimnisvoller darstellenden Pu-erh-Tees suchen mußte.

Wenig Literatur, und darunter viel Falsches

Wer sich auf die Suche nach geeigneter Literatur über Pu-erh-Tee macht, wird immer wieder auf die gleichen Bücher stoßen, die diesen speziellen Tee in Kapiteln oder Absätzen abhandeln. Das einzige deutschsprachige Buch, das Pu-erh bisher im Titel verwendet, ist das bereits erwähnte kleine Büchlein im A6-Format ”Pu-erh – Roter Tee aus China”. Betrachtet man die im Anhang angegebene Literaturliste, so findet man dort zwei Bücher, die direkt mit dem Pu-erh-Tee zu tun haben: ”Tea in the East” und ”Heilen mit Chinatees”. In den diversen Büchersuchmaschinen des Internets wird zusätzlich noch das Buch ”All the tea in china” angegeben. So stellte sich die gesamte Literaturliste zum Thema Pu-erh während meiner Recherchen dar. Über Kontakte in den USA erhielt ich dann noch den Hinweis auf ein Buch, das dort um 1976 erschienen war, aber heute nicht mehr aufgelegt wird. Der Titel dieses Taschenbuches ist ”Chinese Herb Teas”.

”Chinese Herb Teas”, das Buch der Bücher?

Trotz aller Versuche bekam ich nicht das komplette Buch, sondern nur eine auszugsweise Kopie jenes Kapitels zugesandt, das sich mit dem Pu-erh-Tee befaßte, und war erstaunt, daß es die gleichen Informationen enthielt wie die bereits zuvor erwähnten Bücher aus den 90er Jahren, natürlich auch die gleichen falschen Informationen. So wie sich die Informationsschiene zum Thema Pu-erh-Literatur für mich darstellt, basierten bisher alle Bücher auf diesem ”Urbuch” aus den 70er Jahren.

Alle heutigen Berichte enthalten die "Urfehler"

Wenn man zu einem Fachthema nur so wenig Informationen hat und damit dann auch noch eine bestimmte Seitenzahl füllen muß, steht man als Autor vor einem echten Problem. Kommt dann noch hinzu, daß man keine Quervergleiche zu anderen Quellen anstellen kann, geht man häufig den einfachsten Weg und nimmt das, was man als Informationen bekommen hat, als Basis für die eigenen weiteren Recherchen. Wie verkehrt dieser Weg aber sein kann, hat sich schon häufig in Literatur und Wissenschaft gezeigt. Denkt man nur einmal an die Mähr vom Eisengehalt des Spinats: Über Jahrzehnte hinweg wurden Millionen Kinder mit dem meist ungeliebten Spinat von ihren Eltern traktiert. "Den mußt Du essen, denn er enthält viel Eisen und ist deshalb wichtig für Deine Gesundheit", lautete die am häufigsten verwendete Begründung. Literweise wurden Kindertränen beim Mittagessen vergossen – und alles nur, weil eine Sekretärin sich vor Jahrzehnten beim Abtippen der ermittelten Inhaltsstoffe des Spinats bei Eisen um eine Kommastelle verschrieben hat. An diesem realen Beispiel zeigt sich, daß Falsches durch häufige Wiedergabe zwar nicht "richtiger", aber für die Menschen glaubhafter wird. Und auf eben dieses Phänomen treffen wir leider auch beim Pu-erh-Tee.

Informationen sind nicht leicht zu bekommen

Wer sich nicht mit dieser Thematik direkt beschäftigt hat, wird sich kaum vorstellen können, wie schwierig sich die Informationsbeschaffung über Pu-erh-Tee gestalten kann. Auch in unserer heutigen modernen und vom schnellen Informationsfluß geprägten Zeit ist China noch ein Land mit "sieben Siegeln". Vor allem, wenn etwas unter den Allgemeinbegriff "Staatsgeheimnis" fällt, wird es äußerst schwierig, auch nur allgemeines Wissen darüber zu erwerben. Davon können alle westlichen Geheimdienste ein Lied singen. Zwar ist der Pu-erh-Tee selbst in China keine geheime Staatsangelegenheit, denn er wird als Arznei für das eigene Volk, aber auch als Exportprodukt behandelt, doch seine Herstellung unterliegt der Geheimhaltung, wie man mir versteckt, aber auch ganz offen mitteilte.

Am häufigsten verstecken sich die öffentlichen Stellen hinter Unwissenheit: "Nobody knows real about this tea" ("Niemand weiß wirklich etwas über diesen Tee"), teilte mir das für Gesamtchina zuständige Teeforschungsinstitut ganz offiziell mit und gab mir die gleichen Allgemeininformationen, die man inzwischen auch von jedem etwas besser informierten Teegroßhändler erhalten kann:

"Pu-erh ist ein seit Jahrhunderten bekannter Tee, der wegen seiner besonders gesundheitsfördernden Inhaltsstoffe als medizinischer Tee eine lange Tradition hat. Er kommt nur aus der Provinz Yunnan, weil sich die Teebäume in dem dortigen Klima besonders entwickeln können, und wird auf eine ganz spezielle Art hergestellt. Er ist ein Tee, der lange lagern muß, um seine volle Wirkungen entfalten zu können. Je älter er ist, desto besser wird die Qualität."

So oder ähnlich lauten die gängigen Erklärungen zu Pu-erh-Tee. Von den Händlern werden dann meist auch noch einige Aussagen zu bestimmten Gesundheitswirkungen gemacht, das ist dann aber auch schon die gesamte Information.

Was ist Pu-erh wirklich?

Die Frage, was Pu-erh denn nun wirklich ist, läßt sich nicht mit einem einzigen Satz beantworten, denn es ist nicht nur einfach ein Tee bestimmter Art oder Qualität, sondern ein Stück chinesischer Teegeschichte, das vor rund 1400 Jahren in der südwestlichen Provinz Yunnan seinen Anfang nahm.

Zwar war der Tee als Heilmittel und Getränk bereits seit etwa 2700 v.Chr. in China bekannt, doch zur Zeit der Tang-Dynastie (618–907 n.Chr.) begann sich die Teekultivierung in China und somit auch in der südlichen

Provinz Yunnan zu entwickeln. Bis zu jenem Zeitpunkt gab es nur den grünen Tee, dessen Blätter in heißem Wasser zum Getränk oder zur Arznei aufbereitet wurden. In dem Riesenreich wurden die Wege aber lang, und die Transportzeiten für den Handel betrugen oft Monate; so blieb der Teehandel meist ein regional begrenztes Geschäft. Da man aber auch im fernen Peking und in den anderen Regionen des Reiches die unterschiedlichen Heilkräfte der Tees aus dem Süden zu schätzen wußte, begannen findige Händler sich nach Möglichkeiten umzusehen, die Teeblätter für den Transport, aber auch für die eigene Lagerung haltbarer zu machen. So entstanden die ersten Fermentierungsformen auf natürliche Art. Die Blätter wurden gebrochen, gewalkt und angetrocknet. Vor allem Luft- und Sonnentrocknungsformen wurden entwickelt, die den Blättern nicht ihre Wirkstoffe entzogen, sie aber wesentlich haltbarer machten.

Die Florisierung der Pflanzen wurde vor allem in der Song-Dynastie (959–1279 n.Chr.) entwickelt. Gegen Ende dieser Epoche muß auch der bereits erwähnte "Große König der

Teebäume" kultiviert und auf immer noch geheim gebliebene Art behandelt worden sein.

Pu-erh-Tee wurde ab dem 6. Jahrhundert n.Chr. nur in der Präfektur Xishuangbanna gewonnen und zum Verkauf quer durch das Reich transportiert. Da so lange Transporte auch damals mit Kosten verbunden waren, wurde der Tee bald als recht teure Spezialität in Peking gehandelt, während er in seiner Heimat ein alltägliches Konsumgut war, das die Menschen untereinander handelten. Wie sie diesen Tee damals nannten, ist heute in China nicht mehr überliefert, doch weiß man, daß der Name Pu-erh (oder Pu'er) vom Handel der Menschen untereinander stammt. Erstmals wurde Pu-erh-Tee in der Geschichte während der Ming-Dynastie (1368–1644 n.Chr.) erwähnt.

Eine einschneidende Veränderung erlebte der Teehandel in Yunnan im Jahre 1736. In jenem Jahr wurde die Landkreisverwaltung von Youle nach Simao verlegt. Dort ist noch heute der Sitz der Distriktverwaltung für den Simao-Distrikt. 1736 entstand im Rahmen der Verwaltungsverlegung auch ein landkreiseigenes Teehandelsbüro (*Government Tea Commerce Bureau*) mit Abteilungen für Herstellung, Einkauf und Verkauf von Tee in der Region um den Berg Liuchashan im sogenannten "Six Tea Mountain Area", also dem "Sechs-Tee-Berggebiet". Im Landkreis Pu-erh, der im Simao-Distrikt liegt, wurde eine Teefabrik gebaut, und das Teehandelsbüro war von da an für die Herstellung und den Verkauf des Tees aus jenem Gebiet verantwortlich, auch für den Pu-erh-Tee. Dies bedeutete einen gewaltigen Wandel des Teehandels, denn bis zu jenem Zeitpunkt hatten die Menschen ihre "hauseigenen" Teesorten frei und völlig unkontrolliert untereinander gehandelt, und nur wenige kleine professionelle Teehändler hatten den Handel in andere Regionen durchführen können. Nun war eine öffentliche Verwaltungsstelle dafür verantwortlich.

Grund für diese Maßnahmen war aber nicht, bestimmte Teesorten zu reglementieren oder Preise künstlich in die Höhe zu treiben. Einziger Grund war die nun bestehende Möglichkeit der Besteuerung des Teehandels durch dieses geordnete und kontrollierte Teehandelszentrum. Seitdem wurde der Name Pu-erh für jene bestimmte Teesorte weit über die Landesgrenzen hinaus bekannt, denn erst von diesem Zeitpunkt an setzte ein Handel größeren Ausmaßes ein.

Nicht nur ein Tee, sondern verschiedene

Alleine aus dieser kurzen Beschreibung der Entstehung des Namens "Pu-erh-Tee" läßt sich schon erkennen, daß es sich hier nicht um einen ganz klar definierten Tee handeln kann, sondern daß es sich um ein breitgefächertes Spektrum zwar gleichartig hergestellter, aber dennoch qualitativ und optisch unterschiedlicher Tees handeln muß. Mehr als tausend Jahre lang wurde der Pu-erh-Tee in Familienbetrieben hergestellt, und jede Familie hatte dabei ihre eigenen kleinen Geheimnisse, Tips und Tricks bei der Verarbeitung und Lagerung. So entstanden auch optisch unterschiedliche Teeaufgüsse, die eine Farbpalette von Oliv über Rot bis Hellbraun aufwiesen. Vor allem die Lagerung ist ein wichtiges Kriterium für die Qualität von Pu-erh-Tee, denn er ist wie ein guter Wein: Je länger er liegt, desto besser wird er.

Von der *Yunnan Tea Imp. & Exp. Corp.* erfuhr ich, daß Pu-erh auch heute noch in seinem Entstehungsgebiet rund um den Berg Liuchasan als eine Art "Generationstee" angesehen wird: Der Großvater hat ihn gesammelt und verarbeitet, der Vater gelagert, und der Sohn verkauft ihn dann. So machen es die Menschen dort bereits seit Jahrhunderten.

Vier Faktoren lassen Pu-erh entstehen

In allen bisherigen westlichen Veröffentlichungen über den Pu-erh-Tee wird auf eine bestimmte Teepflanze hingewiesen, aus der allein diese Teespezialität entsteht. Als Bezeichnungen werde oft "Qingmao" oder "Dayeh" verwendet. Dies ist so nicht ganz richtig, wie verschiedene Versuche staatlicher Forschungsinstitute in den vergangenen Jahrzehnten gezeigt haben. Zwar gibt es einen speziellen Teebaum, der nur in Yunnan wächst, doch nimmt man Setzlinge dieser Pflanze und bringt sie in einer anderen Region mit gleichen oder ähnlichen klimatischen Bedingungen in die Erde, entsteht dort zwar auch ein Teebaum, doch bringt er nicht diesen speziellen Tee hervor.

Gerade die Frage nach dieser speziellen Spezies ließ sich anfänglich nicht einfach beantworten. Als sicher stand nur fest, daß es sich um eine Camellia-Art handelt. Ob nun *sinensis* oder *assamica*, da scheiden sich die Geister, obwohl es mir logisch erscheint, daß es sich bei dem seit mehr als tausend Jahren bekannten Yunnan-Teebaum kaum um eine Gattung handelt, die erst zu Beginn des 19. Jahrhunderts botanisch entdeckt wurde und ihre Heimat in Indien hat, woher auch ihr botanischer Beinamen stammt. Da es sich aber um eine Baumart und nicht um einen Strauch handelt, ist eine direkte Verwandschaft zum traditionellen chinesischen Teestrauch *Camellia sinensis* für den Laien nicht so einfach nachvollziehbar.

Nach Aussage der Yunnan-Teehandelsgesellschaft entsteht der Pu-erh-Tee aus einer breitblättrigen Spezies, die nur in Yunnan zu finden ist. Er wird vom Produzenten als "Yunnan broadleaf tea", also "Yunnan-Breitblatt-Tee" bezeichnet. Das Institut für Teeforschung in Hangzhou bezeichnet die Spezies als "Yunnan big leaf tea" was auch nichts anderes als "breitblättrige Teepflanze" bedeutet. Zwar ordnen beide Quellen die Pflanze in die Gattung *Camellia* ein, doch eine Unterordnung in eine der bisher bei uns bekannten Varietäten wird in China wegen der Einzigartigkeit dieser Pflanze nicht vorgenommen.

Nicht die Pflanze alleine ist entscheidend

In der chinesischen Teeforschung geht man inzwischen davon aus, daß es sich bei dem Yunnan-Breitblatt-Tee um die eigentliche "Urspezies" des chinesischen Teebaumes handelt, also um die "Camellia-Urpflanze", die in dem besonderen Klima Yunnans über die Jahrtausende eine völlig eigene Entwicklung genommen hat. Waren es zu Beginn der Teeproduktion meist wildwachsende Sträucher und Bäume, die abgeerntet wurden, führte die steigende Beliebtheit des grünen Tees logischerweise zur Kultivierung. Aus den bis zu 15 Meter hohen Bäumen wurden durch ständiges Beschneiden bald Sträucher, die auf eine Höhe von 80 cm bis 1,5 m gehalten wurden, um das Abernten der Blätter zu erleichtern. Außerdem fördert der ständige Rückschnitt auch die Knospenbildung und steigert die Anzahl der wachsenden Blätter, die man ja dann ernten und weiterverwenden will. Von diesen Kultivierungsbemühungen blieben die Teebäume in Yunnan bis heute größtenteils verschont.

Die Blätter der Pflanze zeichnen sich durch besonders viel Mesophyll (Pflanzenmasse zwischen oberer und unterer Blatthaut) aus. Die Pflanze verfügt über dicke Knospen, hat eine hohe Keimungsperiode (Germination), eine besonders lange Lebenszeit und ist reich an Inhaltsstoffen. Hierbei unterscheidet sie sich auch von den ebenfalls in Yunnan wachsenden schmalblättrigen Teepflanzen der Gattung *Camellia sinensis*. Das *Yunnan Tea Research Institute* fand bei Untersuchungen heraus, daß die Spezies mit den dickeren Blättern qualitativ 5–7 % besser ist. Bei den Inhaltsstoffen fand man heraus, daß sie 5–7 % mehr Polyphenole enthält und somit rund 55 mg/g mehr Catechine.

Die naturwissenschaftlichen Untersuchungen im Heimatland der Pflanze zeigen auch, daß der Tee, der in südlichen Breitengraden wächst, besser ist als der aus nördlicheren Breitengraden. So fand das bereits erwähnte *Yunnan Tea Research Institute* im Rahmen wissenschaftlicher Untersuchungen heraus, daß der Yunnan-Breitblatt-Tee aus Regionen, die nördlich des 25. Breitengrades liegen, 30–33 % Polyphenole, also etwa 135–150 mg/g Catechine, enthält, während der aus den südlicheren Gegenden (hier aus Xishuangbanna, 21.–24. Breitengrad) 33–36 % Polyphenol (170–190 mg/g Catechine) aufweist. Diese Unterschiede zeigen sich auch bei anderen Inhaltsstoffen und sind heute ein Mitkriterium für die unterschiedlichen Qualitäten des echten Pu-erh-Tees.

Wurde der Pu-erh-Tee anfänglich ausschließlich aus wildwachsenden Pflanzen gewonnen, liegt der Anteil der aus Wildwuchs gesammelten Blätter bei der Teeherstellung heute weit unter 30 %. Während aber im Verlauf der Teegeschichte die meisten Teepflanzen umfassende Kultivierungsmaßnahmen über sich ergehen lassen mußten, blieb der "Yunnan broadleaf tea" davon weitgehend verschont. So konnte er bis heute seine seit Jahrhunderten geschätzten Eigenschaften bewahren. Vor allem die in der chinesischen Medizin geschätzten Heilwirkungen blieben auf diese Art in vollem Umfang erhalten.

Die Weiterverarbeitung - ein chinesisches Staatsgeheimnis

Eines der größten Geheimnisse rund um den Pu-erh-Tee betrifft die Bearbeitung der Teeblätter. Auch heute bekommt man darüber von öffentlichen chinesischen Stellen noch keine wissenschaftlich genauen Angaben. Zwar wird dies nicht auf bestimmte Verbote geschoben – dies würde der chinesischen Mentalität völlig widersprechen –, doch erkennt der aufmerksame Fragesteller an den ihm übersandten Antworten rasch, daß man ihm nicht jedes Detail mitteilen möchte.

Fest steht jedenfalls, daß die Teeblätter mehrere verschiedene Bearbeitungsphasen durchlaufen. Die erste Bearbeitungsstufe unterscheidet sich kaum von der jeder anderen Grünteesorte auch:

- Man pflückt die frischen Blätter und erhitzt sie über Wasserdampf. Dadurch werden die Enzyme im Inneren der Blätter zerstört, die grüne Blattfarbe bleibt jedoch erhalten. Danach werden die Blätter mit der Hand gerollt und geröstet. Bei dieser Röstmethode werden die Blätter in große Trommeln oder Pfannen gegeben und über offenen Feuer leicht angeröstet. Hierdurch werden sie haltbarer, erhalten eine grobere Struktur und eine leicht olivgrüne Farbe. Dies ist der Zustand, der mit "Qingmao" bezeichnet wird und der den Pu-erh-Tee bereits von den anderen Grüntees unterscheidet.

- Nun erfolgt der zweite Bearbeitungsschritt. Normaler Grüntee wird in einen Trockenraum gegeben und mit einer Temperatur von etwa 100⁰ bis 120⁰ Celsius getrocknet. Dann ist er haltbar gemacht und kann transportiert und gehandelt werden. Bei Pu-erh-Tee unterscheidet sich der Trocknungs- und Lagerungsvorgang in zwei unterschiedliche Formen: luftdicht und nicht luftdicht.

- Luftdicht gelagerter Tee ("airtight heaping") wird auch "prepared tea" genannt und ist nach einer Lagerungszeit von 3 bis 5 Jahren so weit, daß er gehandelt und natürlich auch getrunken werden kann. Dies ist die Form des Pu-erh-Tees, die alle wichtigen Wirkstoffe enthält und am schnellsten fertig ist. Sie wird meist bei der industriellen Verarbeitung verwendet.

- Mit dem Zusatz "raw tea" wird jener Pu-erh-Tee bezeichnet, der nicht luftdicht, sondern auf natürliche Art gelagert wird, um so sein volles Aroma entfalten zu können. Hierzu werden keine genauen Informationen weitergegeben, doch weiß man, daß ein solcherart gelagerter Tee rund 5 bis 8 Jahre benötigt, um sein spezielles Aroma zu entwickeln und seine volle Wirkung entfalten zu können. Zwar vermuten die Fachleute, daß hierbei eine spezielle Pilz- oder Bakterienart eingesetzt wird, doch bestätigen wollte man mir dies in Yunnan nicht.

Ein besonders wichtiger Punkt, auf den man mich seitens des *Yunnan Tea Research Institute* hinwies, betrifft den Einsatz und Nachweis von Pestiziden. In allen Yunnan-Tees liegt der Inhalt von Pestiziden weit unter dem internationalen Standard. Der Hauptgrund hierfür sind die botanischen Gegebenheiten des Landes und sein besonderes Klima, in dem die Pflanzen gut gedeihen und sich kaum Schädlinge ausbreiten. So sind auch Wasser und Boden des Landes nur minimalen Umweltbelastungen ausgesetzt und können als beispielhaft für einen biologisch reinen Anbau angesehen werden. Auch dies ist ein wichtiger Faktor für den Pu-erh-Tee.

Zusammenfassend kann man sagen, daß Pu-erh-Tee durch vier Faktoren entsteht:

- Die Yunnan-Breitblatt-Teepflanze.
- Die spezielle Herstellung und Lagerung.
- Die geographischen Gegebenheiten in Yunnan.
- Das besonders gleichmäßige Klima jenes Landstriches

Yunnan – das "Land des Frühlings"

Yunnan, in unserem Sprachgebrauch auch Yünan geschrieben, ist die südwestlichste Provinz Chinas. Kenner dieses Landteils zwischen Vietnam, Burma und Tibet bezeichnen Yunnan aber meist als einen Teil Südostasiens. Hauptgrund hierfür ist das Bevölkerungsgemisch, das neben den Han-Chinesen auch aus zahlreiche Minderheiten des südostasiatischen Raums besteht. Im weltweiten Vergleich ist die ethnische Zusammensetzung Yunnans eine der diversesten. Eine der dominierenden Volksgruppen dieses asiatischen Gebietes, die Thais, sehen Yunnan als ihre ethnische Wiege an. Sie hatten auf diesem Gebiet jahrhundertelang ihr eigenes Königreich, Nanchao. Nach langanhaltenden Kämpfen unterlag dieses Reich den Horden des Kublai Khan (1215–1294, auch Khubilai geschrieben), der unter dem Namen Shih Tsu die mongolische Herrschaft auf ganz China und Hinterindien ausdehnte und ab 1280 Kaiser von China war. Als dieser Enkel Dschingis Khans das Thai-Königreich eroberte, setzte dort eine große Auswanderungswelle ein. Hierbei war es vor allem der sozial besser gestellte Bevölkerungsanteil aus den Städten, der Yunnan verließ. Die einfachen Bauern in den kleinen Dörfern und abgelegenen Gebieten verblieben in ihren angestammten Siedlungsgebieten, und ihre Nachfahren leben heute noch dort und werden unter verschiedenen Namen geführt: Dai und Bai.

Yunnan gliedert sich heute verwaltungstechnisch in 2 Provinzen: Kungming und Dongchuan, 7 Präfekturen, 8 autonome Präfekturen, 13 Städte mit Präfekturcharakter und 127 Distrikte und Landkreise. Neben den Städten Kunming und Dongchuan sind Dali, Gejiu, Hekou, Ruili, Wanding und

Yuxi die bedeutendsten Orte der Provinz. Yunnan ist über 8 Flughäfen mit den anderen chinesischen Provinzen, aber auch mit anderen asiatischen Ländern und Großstädten verbunden. Der Flughafen von Kunming, *Wujiaba International Airport* genannt, ist der sechstgrößte in China.

Die Bevölkerung Yunnans beträgt heute knapp 40 Millionen Menschen, die auf rund 394.000 km^2 Fläche leben. Es sind 24 ethnische Minoritäten registriert. Hierzu zählen neben den bereits genannten auch Hani, Hui, Yi, Lahu, Dulong, Miao, Naxi, Tibetaner und andere aus dem südostasiatischen Lebensraum. Hauptstadt ist Kunming, das bis 1913 Yünnan hieß und erst von der Republik China umbenannt wurde, die 1949 durch die kommunistisch orientierte Volksrepublik China unter Mao Tse-tung abgelöst wurde. Kunming wies bei der letzten Volkszählung vor vier Jahren rund 1,1 Millionen Einwohner aus. Die Stadt wird wegen ihrer Lage im subtropischen Bereich auch als "Stadt des Frühlings" bezeichnet. In einer Höhe von rund 1900 Metern ü.d.M. ist das Klima nicht so drückend schwül wie in anderen subtropischen Gegenden. Hinzu kommt noch der benachbarte Dianchi-See, dessen Fluten im Sommer reichlich Kühle spenden, und die Berge rund um die Stadt wirken wie natürliche Wälle vor den Stürmen des winterlichen Monsunregens. Unter allen Städten Chinas wird Kunming als diejenige mit dem angenehmsten Klima bezeichnet.

Zahlreiche chinesische Literaten, die in den vergangenen Jahrhunderten Yunnan bereisten, gaben aber auch dem Land selbst den liebevollen Kosenamen "Land des Frühlings", weil sie hier eine botanische Vielfalt wie kaum an einem anderen Punkt der Welt vorfanden. Von den rund 30.000 Spezies, die man in ganz China fand, stammen alleine rund 18.000 aus Yunnan. Vom Nordwesten über die Mitte bis hin zum südlichen Teil der Provinz finden sich malerische Flußtäler, bewaldete Berghänge und dichtes Waldland mit einer ungeheuren Pflanzenvielfalt, die ebenso vielfältig von den Menschen genutzt wird. Bei den holzverarbeitenden Betrieben sind z.B. die Yunnan- und Simao-Pinie heißbegehrte Hölzer. Es werden Gummi, Tabak, Walnüsse, Cashew-Kerne, Kaffee und zahlreiche Kräuter- und Früchtetees dort gewonnen. Hinzu kommt ein großer Reichtum an ölhaltigen und Heilpflanzen. Die in der chinesischen Medizin so wichtigen Pflanzen wie Ginseng, Fuling, Danggui und Tianma werden in großen Mengen in Yunnan gesammelt und von dort aus gehandelt.

Da mit mehr als 600 Flüssen, die von Yunnan aus oder durch die Provinz fließen, ein recht großes Potential an "Hydropower" zur Verfügung steht, greift auch die Energiewirtschaft dort größtenteils auf natürliche Ressorcen zurück. Darauf ist man in der in China besonders stolz, da die Luftverschmutzung im Südwesten des Riesenreiches weit niedriger als in den nördlichen Industriezentren liegt, obwohl auch in Yunnan wegen des großen Angebots an Bodenschätzen mehr als 100 Stahl- und Eisenfabriken beheimatet sind. Die Nutzung natürlicher Energien ist in Yunnan die höchste im gesamten China, und dies wirkt sich äußerst positiv auf die Fauna und Flora aus.

Xishuangbanna, die südliche chinesische Präfektur, ist Heimat des Pu-erh-Tees

Rund 750 km südwestlich der Distrikthauptstadt Kunming liegt die autonome Präfektur Xishuangbanna (auch Xishuang Banna geschrieben). Mit dem Auto kann die Reise in den Südwesten Yunnans leicht mehr als zwanzig Stunden dauern. Es gibt zwar fast 1000 km Autobahnen in Yunnan, wie wir sie in Europa oder den USA gewöhnt sind, diese verbinden aber meist nur die Zentren untereinander. Die meisten Straßen im Süden schlängeln sich über Hügel und Berge, vorbei an schroffen Felden und dschungelähnlichen Wäldern. Sie folgen den

Flußläufen und den alten Handelswegen und dienen den Menschen bereits seit Jahrhunderten als Verbindung aus dem Süden des Distrikts in die Hauptstadt und von dort aus weiter in das Zentrum des Riesenreiches. Eine Handelskarawane vor mehr als 1300 Jahren, die den begehrten Pu-erh-Tee nach Kunming brachte, war drei bis vier Wochen unterwegs, wenn sie von den Unbillen der Natur und den zahlreichen Wegelagerern jener Zeiten einigermaßen unbehelligt blieb. Da aber der begehrte Heiltee nur in jener Region entstand, war es nicht verwunderlich, daß er für seinen langen Weg nach Peking, in die Kaiserstadt, präpariert werden mußte, denn bis dorthin war er mehrere Monate unterwegs. So entstand das Verfahren der Haltbarmachung durch besondere Lagerung, und dies war auch der Hauptgrund dafür, daß der Pu-erh-Tee dann, wenn er in Peking, Shanghai oder den anderen großen Städten des chinesischen Reiches angelangt war, im Gegensatz zu den örtlichen Tees recht teuer war. Ein hoher Preis war damals auch gleichbedeutend mit privilegierter Kundschaft, denn nur die Reichen konnten sich leisten, einen Tee für ihre Gesundheit oder gegen ihr Übergewicht käuflich zu erstehen, der wegen hoher Transportkosten nahezu zehnmal teurer war als der einfache Gebrauchstee. So entstand recht bald die bereits erwähnte die Legende um den "Tee der Kaiser", der er aber nie war.

In Xishuangbanna war und blieb er der Gebrauchstee, denn im chinesischen "Garten Eden" wuchsen die Teebäume an zahlreichen Berghängen und waren in jenen Jahren für jedermann zugänglich.

Wie auch heute noch ist Yunnan, und vor allem der südliche Teil mit der Präfektur Xishuangbanna, bereits seit Jahrhunderten ein bevorzugtes Urlaubsziel der Nordchinesen, die es auch "Mini-Thailand" nennen. Von den rund 650.000 Einwohnern Xishungbannas sind rund die Hälfte Dais. Han-Chinesen machen hier nur etwa ein Viertel der Bevölkerung aus.

Zahlreiche Philosophen, Dichter und Maler, aber auch andere Künstler und Naturheiler haben sich diesen Landstrich als Ziel ihrer oft jahrelangen Reisen auserkoren und sich dann durch die gewaltige Schönheit der Natur überwältigen lassen. Von ewig schneebedeckten Berggipfeln bis hin zu tropischem Urwald reicht die Vielfalt der Landschaft, und die Artenvielfalt von Flora und Fauna ist unübertroffen. Was aber noch mehr beeindruckt, ist die relative Gleichmäßigkeit des Klimas, die ein wichtiger Faktor für das ebenso gleichmäßige Wachstum der Teebäume über mehr als ein Jahrtausend hinweg ist.

Pu'er, Menghai und Kunming; drei Namen, die für den Tee wichtig sind.

Wer heute nach Xishuangbanna fährt, wird fast immer von seinem Reiseleiter auf die zahlreichen Sehenswürdigkeiten des Landstriches hingewiesen, und das *Menghai County* darf dabei nicht fehlen. Dort, im Tal von Bapozhai Village, steht nämlich der "Große König der Teebäume", über den bereits berichtet wurde und der alljährlich das Ziel Tausender Touristen ist. Darum nennt sich das *Menghai County* heute auch "Heimat des Pu'er-Tees". Pu'er ist in jener Region die Schreibweise für Pu-erh.

So sind es die Landkreise Pu'er und Menghai, die sich mit Recht beide als Heimat des Pu-erh-Tees fühlen. Aber ebenso wichtig für den Weltruhm dieses Tees ist auch die Landeshauptstadt Kunming, in der heute der gesamte Teehandel aus Yunnan konzentriert abgewickelt wird. Als größter Handelsplatz der Provinz, der vor allem vor und während des zweiten Weltkrieges stark an Bedeutung gewann, haben sich natürlich auch alle wichtigen Handelsorganisationen dort etabliert. Anfang des 20. Jahrhunderts wurden mehrere südchinesische Städte für den Handel mit dem Westen geöffnet, darunter auch Kunming. Somit wurde die Stadt auch für die

Europäer interessant, und die Franzosen bauten eine Eisenbahn von Indochina (heute Volksrepublik Vietnam) nach Kunming, um so Bodenschätze besser transportieren zu können. Als dann die Japaner kurz vor dem zweiten Weltkrieg in China eindrangen, wichen die nationalchinesischen Streitkräfte nach Yunnan aus und wurden dort bis zur Vertreibung der Japaner von den Westalliierten unterstützt. Hierzu bauten sie die berühmte "Burma-Straße" durch wildes Gelände und über hohe Berge von Burma aus, das seit Mitte des 19. Jahrhunderts britischer Stützpunkt in Asien war, nach Yunnan. So ist es nicht weiter verwunderlich, daß Kunming sich inzwischen zu einem bedeutenden chinesischen Handelsplatz entwickelt hat und auch für den weltweiten Handel mit Tee zu einem wichtigen Ort geworden ist.

Wie wichtig der Tee in China und im gesamten asiatischen Raum nicht nur als Getränk, sondern vor allem als Heilmittel ist, zeigt sich in der Traditionellen Chinesischen Medizin.

Tee ist ein wichtiges Heilmittel der chinesischen Medizin

China ist das einzige Land der Welt, in dem es keine Trennung zwischen Schulmedizin und Naturheilkunde gibt. Ziel der chinesischen Heilkunde war es schon immer, den kranken Menschen in seiner ganzen Person zu erfassen und auch ganzheitlich zu behandeln. Dies war auch in Europa anfänglich Ziel aller Ärzte. Vor rund 150 Jahren begann man dann aber, den menschlichen Organismus immer mehr in seine Einzelteile zu zerlegen und wissenschaftlich bis hin zu den Zellbestandteilen zu untersuchen. Jetzt weiß man zwar sehr viel über die Funktion der einzelnen Organe, doch das, was den Menschen wirklich ausmacht – seine Seele –, blieb dabei völlig auf der Strecke. Diesen wichtigen Punkt hat man in China über fast 5000 Jahre hinweg nie außer acht gelassen. In dieser zu den ältesten Medizinformen der Welt gehörenden Heilkunde ist die genaue Beobachtung des Menschen und der ihn umgebenden Natur wichtigster Bestandteil. Hierbei erkannten heilkundige Chinesen bereits vor Jahrtausenden, daß zu allen Teilen des menschlichen Körpers Energien fließen, die ihren Weg durch unsichtbare Kanäle nehmen, die Meridiane genannt werden. Kommt es zu gesundheitlichen Problemen, liegen Störungen im Energiefluß vor. Ziel der Traditionellen Chinesischen Medizin (TCM) ist die Beseitigung dieser Störungen, die als Ursachen der meisten Gesundheitsprobleme gesehen werden. Um die Ausgeglichenheit des Energieflusses wiederherzustellen, werden die unterschiedlichsten Therapieformen eingesetzt. Die wichtigsten sind:

- Phytotherapie (Pflanzenheilkunde),
- Diätetik (Ernährungstherapie),
- Akupunktur (Reizung der Akupunkturpunkte mittels Nadeln)

- Moxibustion (Erwärmung der Akupunkturpunkte durch glühende Kräuter)
- Akupressur (Reizung der Akupunkturpunkte mittels Fingerdruck)
- An Mo und Tui Na (chinesische Massageformen)
- Qi Gong und Tai-Ji-Quan (Bewegungstherapien)
- Aromatherapie (Heilung mit Hilfe aromatischer Öle und Kräuter)

Die TCM und die Pflanzenheilkunde

Vor allem die Pflanzenheilkunde (Kräuterheilkunde) nimmt einen großen Teil der chinesischen Medizin ein. Man sagt, daß sie mehr als die Hälfte der chinesischen Heilkunde ausmacht. Neben den heilenden Kräutern und Wurzeln sind es vor allem Tees, die hier seit Jahrtausenden zum Einsatz kommen. Der Tee zählt zu den wichtigsten Arzneien. So ist es nicht weiter verwunderlich, daß er in China zuerst Heilmittel und dann erst beliebtestes Volksgetränk wurde. Mit der Ausbreitung dieses Wissens über ganz Asien fanden diese Erkenntnisse auch Eingang in die indische, japanische und koreanische Heilkunst und sind dort ebenso seit Jahrhunderten verankert.

In der TCM wird eigentlich keine Trennung zwischen Nahrungs- und Heilmittel vorgenommen, denn zu einem gesunden, sprich ausgeglichenen Körper gehört auch eine ausgewogene und somit gesunde Nahrung. Unter diesem Gesichtspunkt hat jedes Lebensmittel auch eine Auswirkung auf die Lebensenergie und somit auf den Gesundheitszustand. Diese Erkenntnis wurde auch von zahlreichen europäischen Heilkundigen vertreten. So beispielsweise auch von Hildegard von Bingen (1098–1179), die sich in ihren naturheilkundlichen Büchern immer wieder mit den Nahrungsmitteln befaßte, doch setzten sich diese Erkenntnisse in der Schulmedizin nicht durch. Die Gründe hierfür sind vielfältiger Natur. Warum aber das Wissen um die vorbeugenden und heilenden Wirkungen des Tees nicht bereits vor Jahrhunderten intensiver nach Europa durchdrang, liegt – so merkwürdig es klingen mag – auch am Schwarztee.

Warum der grüne Tee in Europa kaum bekannt ist

Wenn wir einmal nachdenken, welche Assoziationen wir automatisch mit dem Wort Tee verbinden, so ist es meist der fermentierte Schwarztee, der sich in der Tasse – je nach Sorte – in hellen oder dunkleren Brauntönen entfaltet. Durch den Fermentierungsvorgang verliert der ursprünglich grüne Tee aber für den medizinischen Einsatz wichtige Wirkstoffe. Natürlich drängt sich sofort die Frage auf, warum man den Tee dann überhaupt fermentiert? Die Antwort ist einfach: So ist er für den langen Transport aus den Produktionsländern China, Indien und Ceylon wesentlich haltbarer. Bis zur Mitte des vergangenen Jahrhunderts wurde meist nur grüner Tee gehandelt, der für den Seetransport so gut wie möglich haltbar gemacht wurde. So waren es dann Händler aus Portugal, die ab 1560 Grüntee aus China nach Europa einführten. Ab 1610 entstand dann das holländische Teemonopol, das rund 60 Jahre lang den Teehandel von China und Japan nach Europa beherrschte. Weil die Briten dieses Teemonopol brechen wollten, begannen sie nun Tee aus Indien zu importieren, den sie der besseren Haltbarkeit wegen fermentieren ließen. So bekam er ein dunkleres Aussehen und wurde bald Schwarztee genannt. Nur diesem widmeten sich die englischen Geschäftsleute von nun an, und der grüne Tee aus China wurde einfach ignoriert. Auch die Literatur über Tee, die von der britischen Insel aus Werbezwecken auf das europäische Festland gebracht wurde, beinhaltete nur noch Informationen über den schwarzen Tee.

Neben der Monopolbrechung hatte das Ignorieren des Grüntees durch die englischen Händler auch rein finanzielle Gründe: Grünen Tee kann man mehrfach aufgießen, schwarzen nur einmal. So betrachtet ist es für die Händler logisch, den eigenen "Einmaltee" zu favorisieren. Das hebt automatisch den Umsatz. Der Plan ging auf, und so verbanden die Europäer den Begriff ""Tee" bald nur noch mit dem fermentierten Schwarztee, dem man dann auch zahlreiche medizinische Wirkungen zusprach, die er eigentlich nicht wirklich erfüllen kann. Wichtige Inhaltsstoffe gehen bei der Fermentierung verloren, so z.B. das wichtige Vitamin C. Dabei sind es gerade die Inhaltsstoffe, die den Tee vom reinen Getränk zum Heilmittel erheben.

Die Inhaltsstoffe des chinesischen Tees

Betrachtet man einmal die Vielzahl der medizinischen Einsatzmöglichkeiten des grünen Tees aus China etwas genauer, so könnte man auf den Gedanken kommen, daß es sich hier um ein universelles Allheilmittel handelt. Die weitaus größte Wirkung liegt aber im Bereich der Vorbeugung, frei nach dem Motto: "Wer gar nicht erst krank wird, muß auch nicht geheilt werden." Wer wie die Chinesen den grünen Tee und seine Wirkstoffe regelmäßig zu sich nimmt, unternimmt bereits einen großen Schritt in der persönlichen Krankheitsvorbeugung. Verantwortlich für diese Wirkung sind mehr als 300 Inhaltsstoffe, die bisher im grünen, aber auch im Pu-erh-Tee nachgewiesen werden konnten. Ein Großteil davon geht bei der Fermentierung verloren und läßt sich deshalb im schwarzen Tee nicht mehr nachweisen.

Es ist aber nicht nur die Vielzahl der Inhaltsstoffe, die den grünen Tee zu einem Naturheilmittel machen, sondern auch die hohe Konzentration wichtiger Vitalstoffe, Mineralien und Spurenelemente. So enthält Grüntee je nach Sorte 13 bis 29 mg Karotin und 60 bis 250 mg Vitamin C. Die enthaltenen Catechine sind rund zwanzigmal antioxidativer als Vitamin E. Im Blatt des Teestrauches und damit auch im Grüntee selber sind die Carotinoide wie Beta-Carotin, Lutein und Biolaxanthin enthalten. Diese Carotinoide sind im Schwarztee nicht mehr enthalten, sie verflüchtigen bei der Produktion und bilden Pigmente. Ebenso verliert der Schwarztee bei der Produktion den Großteil seiner Vitamine. Als Naturheilmittel kann man demnach nur grünen, unfermentierten Tee einsetzen, so wie er in China bereits seit Jahrtausenden als Arznei verwendet wird.

Die wichtigsten Inhaltsstoffe des chinesischen grünen Tees sind:

- Ätherische Öle
- Catechine (Beta-Carotin, Biolaxanthin, Lutein)
- Eisen
- Flavonoide
- Fluor
- Kalium
- Kalzium
- Kapillarschutzstoffe
- Kupfer
- Magnesium
- Mangan
- Polyphenole (Epigallocatechin-Gallat, kurz EGCG)
- Polysaccharide
- Saponine
- Tannin
- Theophyllin
- Vitamine A, B, B_2, B_{12}, C
- Weitere Mineralien und Spurenelemente

Eine allumfassende Anwendungspalette

Es ist aber nicht die Vielzahl der Inhaltsstoffe, sondern die relativ hohe Konzentration wichtiger Wirkstoffe, die den grünen Tee in der Medizin zu einem besonders wichtigen Heilmittel machen. Auch ohne all die modernen Untersuchungsmethoden der Neuzeit wußten die alten Chinesen bereits vor mehr als vier Jahrtausenden über die Wirksamkeit. So setzten sie den Tee sowohl vorbeugend als auch in Arzneiform bei zahlreichen Gesundheitsproblemen ein.

Vor allem zur Verbesserung des allgemeinen Wohlbefindens, zur Stärkung des Immunsystems, bei Gelenkproblemen, Gliederschmerzen, Muskelschwäche, Magen- und Darmbeschwerden, Blähungen, Stuhlproblemen, Erkältungskrankheiten, Herzschwäche, Blutdruckproblemen, Kopfweh, zur Steigerung der Leistungsfähigkeit, zur Verbesserung der Widerstandskraft, bei Nahrungsmittelvergiftungen, Sehstörungen, Nierensteinen, Leberbeschwerden und Virusinfektionen, aber auch bei Depressionen. In nahezu allen gesundheitlichen Problembereichen fanden sich Rezepturen mit Tee oder zumindest Teilen der Teepflanze wie etwa Blätterabsuden oder Rindenauflagen.

Auch bei Gewichtsproblemen, von denen das einfache Volk jener Jahre meist verschont blieb und mit denen die zahlreichen Landesfürsten und ihr Hofstaat eher zu kämpfen hatten, wurde auf den grünen Tee zurückgegriffen. Vor etwas mehr als 1000 Jahren berichteten dann die Boten und Händler, die aus dem fernen Yunnan in die Hauptstadt kamen, von einem Tee, den die Amerikaner heute als "Fettkiller" bezeichnen und der unter dem Namen "Pu'er" bekannt wurde. Die Erfolge bei der Gewichtsreduzierung wurden bald in den höchsten Tönen gelobt, aber auch seine Fähigkeit, zu einem gesunden und recht hohen Alter zu verhelfen. So war es nicht weiter verwunderlich, daß dieser Tee bald nicht nur in den Fürstenhäusern, sondern auch in den Arzneischränken der Heilkundigen und Apotheker seinen festen Platz bekam. Vom Land der Thai im Süden bis hin nach Peking oder auch in die Bergregionen Tibets fand der Pu-erh-Tee so über die Jahrhunderte seinen Weg und wurde, weil er wegen seiner langjährigen Reifezeit nicht in unbegrenzten Mengen zur Verfügung stand, bald als eine Art Wunder- und Geheimelexier gehandelt.

Was macht das Besondere des Pu-erh-Tees aus?

Die Frage, was diesen Pu-erh zu einem so besonderen Tee macht, bewegt inzwischen Millionen von Menschen in Europa, Nordamerika und auch in Asien. Bereits in den 70er Jahren unseres Jahrhunderts machte die Teespezialität aus dem fernen Yunnan erstmals in der Neuzeit weltweit von sich reden: Ein Team von Wissenschaftlern am Yunnan Medical Centre in der Hauptstadt Kunming hatte die Ergebnisse einer Studie veröffentlicht, die mit Übergewichtigen durchgeführt wurde. Hierbei erhielten die Probanden täglich eine Menge Pu-erh-Tee, die etwa fünf normalen Tassen entsprach. Bewußt wurden die Lebensumstände nicht besonders geändert, um die reine Wirkung des täglichen Teekonsums auf das Gewicht zu kontrollieren. Die Ergebnisse verblüfften nicht nur die Probanden, sondern auch ihre wissenschaftlichen Betreuer.

Je nach Ausgangsgewicht verloren rund 80 % der Übergewichtigen einige lästige Fettpolster. Die Gewichtsverluste innerhalb von nur wenigen Wochen lagen zwischen 2 und 9 Kilo. Es zeigte sich hierbei auch ganz klar, daß die verlorene Fettmenge in Relation zur Höhe des Übergewichts stand. Wer also zuvor dicker war, verlor auch mehr Fett. Als Grund gaben die Wissenschaftler eine Veränderung des Fettstoffwechsels durch den Pu-erh-Tee an, die dazu führt, daß das überflüssige Fett einfach schneller als normal abgebaut wird.

Ärzte in Frankreich, Japan und inzwischen auch in den USA, die von diesen Ergebnissen erfuhren, begannen nun ebenfalls, diese nachzuvollziehen. Eine der Studien, die in Frankreich durchgeführt wurde, ergab bisher ähnliche Werte, eine weitere Studie in Japan, bei der aber auch das gesamte Eßverhalten umgestellt wurde, brachte noch höhere Gewichtsverluste. Die

US-Studie läuft derzeit noch, denn sie soll der erste Langzeittest über mehrere Jahre hinweg werden.

Da in Yunnan die Probanden auch nach dem offiziellen Ende der Studie weiter kontrolliert wurden, machte man auch noch die Entdeckung, daß der Effekt der Gewichtsabnahme ein bleibender ist, wenn auch weiterhin die Wirkstoffe des Pu-erh-Tees eingenommen werden. So wurde bei den Übergewichtigen, die weiter täglich rund fünf Tassen des Tees tranken, ein weiterer Gewichtsverlust festgestellt, bis eine Art von persönlichem Idealgewicht erreicht war. Danach wurde dieses Gewicht dann gehalten.

Eine genaue wissenschaftliche Erklärung für diese Wirkung ist bis heute noch nicht gefunden, doch die Forschungen laufen weiter. So fand man auch heraus, daß die Blutfettwerte bei regelmäßiger Einnahme von Pu-erh-Tee in nur wenigen Wochen um mehr als 10 % sinken und der Blutfluß sich wesentlich verbessert.

Die Mähr vom "Roten Tee"

Auf meine Frage, warum es denn so schwierig sei, den Pu-erh-Tee genauer zu untersuchen, erhielt ich aus Yunnan eine überraschende Antwort: *"Den einen Pu-erh-Tee gibt es eigentlich nicht, es gibt viele verschiedene Pu-erh-Tees!"*

Nach und nach erfuhr ich dann, daß es den "Roten Tee" zwar gibt, dieser aber nur eine Art des Pu-erhs ist. Der ursprüngliche Pu-erh reicht in der Farbe von Oliv über Rot bis hin zu Hellbraun. Dies ist auch der Grund, warum er sich nicht in die gängigen Einteilungen Grün oder Schwarz einreihen läßt. Wie wir bereits erfahren haben (Kapitel 3, *Die Weiterverarbeitung – ein chinesisches Staatsgeheimnis*), werden zwei unterschiedliche Verfahren der Post-Fermentierung angewendet, die auch unterschiedlich lange dauern. Da der Pu-erh immer beliebter wird und somit auch größere Mengen vom Weltmarkt gefordert werden, kann man dem Tee nicht mehr die lange Reifezeit gewähren wie noch vor einigen Jahrhunderten, als er nur ein Tee für "Insider" war. Folglich werden bereits seit mehreren Jahrzehnten jüngere Tees angeboten, die meist nicht älter als 3 bis 5 Jahre sind. Diese weisen aufgrund der relativ kurzen Reifezeit meist einen hellroten Farbton aus und haben so die Mähr vom "Roten Tee" ins Leben gerufen.

Im Gegensatz zu den anderen Teesorten, die nicht lange gelagert, sondern meist direkt nach der Herstellung verkauft werden, ist aber auch ein "nur" drei Jahre alter Pu-erh-Tee etwas ganz Besonderes und enthält bereits die Wirkstoffe, die ihn seit mehr als tausend Jahren auszeichnen und so wirkungsvoll machen.

Die verschiedenen Formen

Ebenso wichtig wie die Lagerzeit ist auch die Form des gepreßten Tees, denn Pu-erh wird in verschiedenen Formen hergestellt und durchläuft auch so seine Reifezeit. Inzwischen wird bereits jüngerer Tee angeboten, der dann eine noch recht grünliche Farbe als aufgegossenes Getränk erzeugt und so als "Pressed Green Pu-erh Cake Tea" in den Handel kommt. In diesem Fall sind die "Teekuchen" gerade einmal zwei Jahre alt.

Die ursprüngliche Lager- und Handelsform war der "Brick", der sogenannte "Teebarren". In dieser rechteckigen Form läßt sich Tee am einfachsten lagern und transportieren.

Auf dieser Abbildung ist ein besonders schön verzierter Barren zu sehen. Die kunstvollen Verzierungen und die Schriftzeichen geben häufig Auskunft darüber, welches Unternehmen diesen Tee gepreßt hat und auch in welchem Jahr er hergestellt wurde. Der Fachmann kann den Tee so "lesen" wie wir ein Buch.

Der Endverbraucher kann den Pu-erh-Tee natürlich auch in kleineren Portionen erwerben und muß nicht gleich einen ganzen Barren kaufen. Hierzu wird der gepreßte Tee in kleine Stücke zerbrochen.

Auf dieser Abbildung sind zwei sehr alte Pu-erh-Tee-Barren zu sehen und das zerlegte Endprodukt für den Einzelhandel, wie es in China und Tibet seit Jahrhunderten angeboten wird.

Neben der lagerfreundlichen rechteckigen Form wird Pu-erh-Tee aber auch in anderen Preßformen angeboten. So z.B. in runder Form. Diese oft als "camel" oder "button" im Handel erhältlichen Teekugeln sind innen hohl und im Normalfall einzeln handverpackt. So kann man sicher sein, daß die ursprünliche Teemenge erhalten bleibt und nicht beim Transport Teile der Hülle abbrechen.

Im südlichen Tibet, das an Yunnan grenzt, wird ebenfalls traditionell Pu-erh-Tee hergestellt. Auch dort kennt man die runde Form, die als "Mushroom", zu deutsch "Pilz", bezeichnet wird. Die "Tibet-Mushrooms" sind nicht ganz so rund und wirken in ihrer Konsistenz etwas grobkörniger.

Tibetanischer Mushroom-Pu-erh

Man kann auch einen goldfarbenen Pu-erh-Tee trinken, wie ihn der Dragon Pu-erh-Tee ergibt, der ebenfalls in die Kategorie der Grüntees eingeordnet wird. Ein Beispiel hierfür ist der in Fladenform (cake) gepreßte Celestial-Tee.

Dieser Teekuchen ist auf beiden Seiten mit verschiedenen Drachensymbolen verziert. Die eine Seite zeigt einen Flugdrachen, der den Himmel symbolisiert, die andere Seite das traditionelle chinesische Drachensymbol.

Dies ist natürlich nur eine begrenzte Auswahl der unterschiedlichen Formen, in denen Pu-erh-Tee gelagert und dann auch an den Großhandel weitergegeben wird. Aus China wurde mir versichert, daß alle regulär in den Handel kommenden Pu-erh-Tees einer Qualitätskontrolle unterliegen und für den Transport original verpackt und versiegelt werden.

Post-Fermentierung und Wirkstoffe

Das größte Geheimnis, das sich um den Pu-erh-Tee rankt, ist die sogenannte Post-Fermentierung. Dieser Arbeitsvorgang, der direkt mit der langen Lagerzeit zusammenhängt, ist der letzte Schritt, der aus einem traditionellen Yunnan-Grüntee einen echten Pu-erh-Tee macht. Es gibt bis heute keine wissenschaftlich genauen Erklärungen aus Yunnan über diesen Vorgang, doch gehen Fachleute in den USA, die den Tee derzeit untersuchen, inzwischen von einer speziellen Pilzkultur aus, ähnlich wie sie bei dem inzwischen recht bekannten Kombucha-Tee bis hin zu Jahrzehnten wird auf die Trockenlagerung zurückgeführt. Während der Kombucha-Pilz in einer Nährflüssigkeit schwimmt und sich rasch entwickeln kann, muß der "Pu-erh-Pilz" sich in einer trockenen Umgebung entfalten. Dazu benötigt er wesentlich mehr Zeit. Hierbei handelt es sich aber um rein theoretische Gedankengänge, denn dieser Bereich der Herstellung bleibt auch weiter ein Geheimnis. Das will man in China so. Ein Hauptgrund hierfür ist m.E. sicherlich die Monopolstellung im weltweiten Handel mit diesem immer häufiger verlangten Tee.

Wissenschaftlich nachgewiesen ist inzwischen aber, daß sich die Inhaltsstoffe des Pu-erh von denen des traditionellen Grüntees in einigen wichtigen Punkten unterscheiden:

- Die Extraktqualität ist um 3–5 % höher.
- Der Anteil an Polyphenolen liegt 5–7 % über dem anderer Grüntees.
- Der Anteil an Catechinen ist um mehr als 20 % höher.
- Die Vitamin-C- und B_{12}-Anteile sind wesentlich höher als bei normalem Grüntee.

Gerade in dieser Kombination sehen Ärzte und Wissenschaftler in China, Japan und den USA inzwischen die für ein Naturheilmittel recht starke Wirkungsweise des Pu-erh-Tees. Die chinesischen Heilkundigen früherer Jahrhunderte hatten noch nicht unsere modernen Untersuchungsmethoden zur Verfügung und erkannten dennoch die starke Heilwirkung des Tees, um den sich bald zahlreiche Sagen rankten. Will man all diesen altehrwürdigen Berichten und Überlieferungen Glauben schenken, so macht der Pu-erh nicht nur schlank, sondern hält auch jugendlich bis ins hohe Alter, macht potent, verlängert das Leben und verhilft zu einer ausgesprochen guten Gesundheit. Es gibt auch eine Sage, in der eine bereits tote Prinzessin durch den Pu-erh-Tee wieder ins Leben zurückgeholt wurde. Dies klingt natürlich zu unwahrscheinlich, um wahr zu sein, doch welche Therapiemöglichkeiten im Tee stecken und wie er therapieunterstützend und vorbeugend wirken kann, haben inzwischen zahlreiche seriöse wissenschaftliche Untersuchungen gezeigt.

Wie sieht die moderne Wissenschaft die Wirkungen des Tees?

Über die Untersuchungen in Yunnan und Frankreich in bezug auf eine Gewichtsreduzierung durch Pu-erh-Tee haben wir bereits gesprochen. Allein dies wäre bereits ein Grund, zu regelmäßigem Teegenuß zu raten, denn eine Vielzahl der Krankheiten unserer modernen Zeit sind vom Übergewicht und der Trägheit der Menschen geprägt. Immer mehr sitzende Tätigkeiten, sitzende Fortbewegung und Sitzen oder Liegen vor dem Fernseher in der Freizeit werden langsam zum gesundheitlichen Schicksal zahlreicher Menschen. Hier kann der Grüntee im allgemeinen und der Pu-erh im besonderen zwar Abhilfe schaffen, doch muß der Mensch die Hilfen des Tees durch eine gesundere und somit auch bewegungsreichere Lebensweise unterstützen. Was der Tee alles noch auf dem Gesundheitssektor bewirken kann, liest sich wie eine allgemeine Hilfe bei den meisten gesundheitlichen Problemen:

Alterung

Hierbei handelt es sich nicht um eine Krankheit, sondern um einen ganz natürlichen biologischen Vorgang, Biomorphose genannt, der bereits ab dem 30. Lebensjahr einsetzt und nur teilweise verlangsamt, aber noch nicht beendet werden kann. Eine der wichtigsten physiologischen Veränderungen ist hierbei die allmähliche Verkleinerung der Organe, die mit der Reduzierung des Wassergehalts im Körper zusammenhängt. Das hat u.a. auch zur Folge, daß sich wichtige wasserlösliche Mineralstoffe wie Kalium oder Magnesium verringern.

Durch eine zunehmende Verengung der Kranzgefäße bedingt, vermindert sich auch die Pumpkraft des Herzens erheblich. Die Leistung der Organe, die auf eine gute Durchblutung angewiesen sind, wird dadurch beeinträchtigt. Betroffen sind vor allem Nieren und Leber, die ihrer Abbau- und Ausscheidungsfunktion nicht mehr optimal nachkommen können. Ein Teil der Giftstoffe und der Stoffwechselschlacken bleibt folglich im Organismus.

Ein Zweig der Altersforschung vertritt auch die Theorie, daß der Körper im Laufe der Jahre verfällt, weil er permanent schädliche und zerstörerische Substanzen produziert, die man als "freie Radikale" bezeichnet. Diese gefährlichen Substanzen entstehen beim Stoffwechsel und sind auf chemische Art äußerst aggressiv, indem sie die Zellbestandteile und den Zellkern angreifen und schwer beschädigen. Sie werden inzwischen nachweislich für zahlreiche Altersbeschwerden verantwortlich gemacht.

Die Zellschädigungen durch freie Radikale sind dort am gefährlichsten, wo sich Zellen nicht mehr erneuern können. Hier sind Muskeln und Gehirn, aber auch die Augenlinsen besonders gefährdet. Dies würde auch erklären, daß der menschliche Körper mit zunehmendem Alter schwächer wird, sich Senilität einstellt, die Sehstärke nachläßt und ältere Menschen weitaus häufiger an Augenkrankheiten leiden.

Zahlreiche Mediziner gehen in der Krebsforschung inzwischen davon aus, daß Krebs nichts anderes ist als Schädigungen an der Erbmasse, die ständig zunehmen und in fortgeschrittenem Alter immer schlechter wieder repariert werden können.

Bereits 1983 veröffentlichte die international anerkannte Fachzeitschrift *Chemical Pharm. Bulletin* (Artikel 31, 1625) eine Laborstudie des japanischen Wissenschaftlers T. Okuda, in der dieser nachwies, daß die "Catechine" (manchmal auch "Katechine" geschrieben) im grünen Tee ein vielfach stärkeres Antioxidans sind als das bisher bekannte Vitamin E. In seinem Laborversuch wies er eine zwanzigfach höhere Wirkung nach.

Nach dieser Studie von 1983 gelang Dr. Tsune Kada vom staatlichen Genetik-Forschungszentrum in Japan zu Beginn der 90er Jahre der Nachweis, daß die im Grüntee enthaltenen Catechine die Mutation der Krebszellen hemmen, indem sie kanzerogene Substanzen neutralisieren. Die Kombination von Vitamin C, Catechinen und anderen mutationsunterbrechenden Substanzen des Tees wirkt nach neuen Erkenntnissen nicht nur der Alterung, sondern auch einer Krebsbildung erfolgreich entgegen.

Da der Pu-erh-Tee mehr Polyphenole und Vitamin C enthält als normaler Grüntee, kann man davon ausgehen, daß auch seine alterungshemmenden und krebsvorbeugenden Wirkungen wesentlich stärker sind. Genaue Untersuchungen liegen zwar noch nicht vor, doch laufen sowohl in China als auch in Japan bereits die ersten Langzeittests zu diesem Komplex.

Bluthochdruck

Nahezu jeder vierte Bundesbürger leidet heutzutage unter Bluthochdruck, ohne daß in vielen Fällen eindeutige Ursachen festgestellt werden können. Es gibt aber einige Faktoren, die Bluthochdruck besonders begünstigen: Dauerstreß, unvernünftige Lebens- und Ernährungsweise sowie Übergewicht. Die Gefäße werden starr und unelastisch, es kommt zu Gefäßkrämpfen. Die Gefahr eines Verschlusses des geschädigten Gefäßes erhöht sich drastisch.

Grüntee und Pu-erh helfen hier wegen des hohen Gehaltes an Mineralien und Spurenelementen, aber vor allem wegen der hohen Vitaminanteile. Regelmäßiger Genuß wirkt regulierend auf den Blutdruck.

In einer Laboruntersuchung mit Tieren haben die Wissenschaftler Y. Hara, T. Matsuaki und T. Suzuki in Japan nachgewiesen, daß die im Tee enthaltenen Catechine den

Blutdruck der Versuchstiere senken können. Diese Studie wird als Modell für Untersuchungen an Menschen angesehen. Im Laborversuch wurden die jungen Testtiere in zwei Gruppen eingeteilt. Der einen Gruppe wurde das sogenannte U.5Y5-Catechin täglich verabreicht, der anderen Gruppe nicht; alle anderen Umstände wie Nahrung und Haltung waren identisch. Während die Tiere in der Gruppe ohne Catechinzusatz bald einen Blutdruckwert von mehr als 200 mmHg erreicht hatten, war der Wert bei den Tieren mit den Teecatechinen wesentlich niedriger. So konnte nachgewiesen werden, daß Teecatechine den Blutdruck senken. Veröffentlicht wurde diese Studie bereits im Jahre 1987 in der japanischen Fachzeitschrift *Nippon Nogeikagaku Kaishi* (Artikel 61, 803).

Auf den Menschen bezogen, würde dies einem täglichen Konsum von rund 10 Tassen Grüntee oder 7–8 Tassen Pu-erh-Tee entsprechen. Da nicht jeder Mensch soviel Tee am Tag trinken mag, unternahmen japanische Forscher ähnliche Versuche mit Extrakten und wiesen gleiche Erfolge nach.

Cholesterinprobleme

Cholesterin heißt seit einigen Jahrzehnten der Sündenbock für alle Herz-Kreislauf-Krankheiten. Dem ist aber nicht ganz so. In Wirklichkeit wird ein Teil des im Blut befindlichen Cholesterins in der Leber produziert und dient zur Bildung von Galle und verschiedenen Hormonen. Von daher stellt es eine essentielle (lebenswichtige) Substanz dar. Der andere Teil wird über die Nahrung, hauptsächlich über tierische Fette, zugeführt. Nun ist aber das über die Nahrung aufgenommene Cholesterin nicht löslich. Deshalb wird es (mit anderen Fettstoffen, etwa den Triglyzeriden und freien Fettsäuren) durch sogenannte Lipoproteine ins Blut transportiert, das sind Verbindungen aus Fett (= Lipid) und Eiweiß (= Protein).

Es gibt aber zwei Arten von Lipoproteinen: die "schlechten" Lipoproteine LDL (mit niedriger Dichte), die wenig Eiweiß, aber viel Fettstoffe – fast 70 Prozent der im Blut befindlichen – transportieren, und die "guten" Lipoproteine HDL (mit hoher Dichte), die stark eiweißhaltig sind und offensichtlich vor Arteriosklerose schützen, indem sie die Ablagerung von Fettstoffen in den Arterien mindern und überschüssiges, oxidiertes Cholesterin entfernen.

Ein hoher HDL-Anteil gilt nach wie vor als einer der Hauptfaktoren von Arterienverkalkung. Gesamtcholesterinwerte unter 200 g/l gelten als unbedenklich; der LDL-Wert bei Risikofaktoren (Rauchen, Bluthochdruck, Diabetes) dürfte nicht über 1,4 g/l liegen.

Das *Medical College* in Kalkutta, Indien, veröffentlichte Mitte der 70er Jahre eine Studie mit dem Fazit: Grüner Tee senkt den Cholesterinspiegel.

In China, wo fast ausschließlich Grüntee getrunken wird, aber auch in Japan wurde ermittelt, daß die Menschen dort einen wesentlich niedrigeren Cholesterinspiegel haben als die Europäer und US-Amerikaner. So fand im Jahre 1986 ein japanisches Forscherteam um Professor K. Muramatsu in Tierversuchen heraus, daß die dicken Tiere zuviel LDL aufwiesen. Durch die Beigabe von nur 1 % Catechin aus Grüntee-Extrakt wurde der "schlechte" LDL-Anteil gesenkt, ohne daß der Anteil an "gutem" HDL-Cholesterin davon betroffen war. Bestätigt wurden die Ergebnisse dieses Laborversuchs dann im Jahre 1991 in einer weiteren Laborstudie mit Tieren, die von den Wissenschaftlern K. Goto, S. Kanaya und Y. Hara in Japan durchgeführt und auf dem *International Symposium on Tea Science* im Sommer 1991 veröffentlicht wurde.

Diabetes

Von Blutzucker oder Diabetes spricht man, wenn zuviel Blutzucker (Glykose) im Blut enthalten ist. Die Zuckerverwertung im Organismus wird durch Insulin geregelt, ein Hormon der Bauchspeicheldrüse. Bei Zuckerkranken hat Insulin Schwierigkeiten, in das Blut zu kommen, oder assimiliert den Blutzucker schlecht. Insofern gehört Diabetes zu den Stoffwechselkrankheiten.

Neben dem sogenannten Jugenddiabetes (Typ 1), der bereits in jungen Jahren auftritt und durch eine mangelnde Insulinabsonderung der Bauchspeicheldrüse gekennzeichnet ist, befindet sich der Alterszucker (Typ 2) im Aufwind und dürfte mittlerweile mehr als 3 Millionen Bundesbürger betreffen. Häufig bilden Übergewicht und Diabetes eine gesundheitsschädigende Symbiose. Es ist bezeichnend, daß nach dem Krieg diese Form von Diabetes kaum auftrat. Durch Überernährung ist das vorhandene Insulin nicht mehr in der Lage, dieses Zuckerüberangebot zu verwerten. Der Fachmann spricht dann auch von einer "alimentaren Diabetes". Meist kommen noch Dauerstreß und vor allem mangelnde Bewegung sowie ein Absinken der körperlichen Tätigkeit als weitere Faktoren hinzu. Hier heißt die erste Hilfsmaßnahme natürlich: Umkehr des bisherigen falschen Lebenswandels.

Vor mehr als 60 Jahren machte ein Arzt an der japanischen *Kyoto University* eine für die Schulmedizin sensationelle Entdeckung: Die Blutzuckerwerte im Urin von Patienten, die "Chanoyu" praktizierten, waren danach stets wesentlich niedriger als zuvor. Hinter dem Begriff "Chanoyu" verbirgt sich eine traditionelle Teezeremonie, bei der grüner Tee getrunken wird. Dr. Minowada, der die Beobachtungen gemacht hatte, begann nun weiter nachzuforschen und berichtete auch über den Zusammenhang zwischen Grünteetrinken und Zuckersenkung. Der beginnende zweite

Weltkrieg drängte jedoch diese Erkenntnisse der medizinischen Neuzeit in den Hintergrund.

In China ist die Erkenntnis, daß Grüntee den Blutzuckerspiegel senken läßt, bereits mehr als ein Jahrtausend alt. In der Provinz Yunnan weiß man ebenso lange, daß der Pu-erh-Tee noch wirksamer gegen Diabetes hilft als der normale Grüntee. Nur die Schulmedizin benötigte wieder einmal wissenschaftliche Untersuchungen, und diese konnten dann auch bis zum Jahre 1987 abgeschlossen werden. Wieder war es ein japanisches Forscherteam, dem in Laborversuchen mit Mäusen der Nachweis gelang, daß Grüntee (somit auch Pu-erh-Tee) den Blutzuckerspiegel senkt.

In zwei unterschiedlich durchgeführten Versuchen fand man in Japan heraus, daß zumindest zwei Wirkstoffe für die Blutzuckersenkung verantwortlich sind: Das Team unter der Leitung von Professor H. Asai verwendete aus Grüntee gewonnenes Catechine-Konzentrat, das er Mäusen mit der normalen Nahrung zuführte. Hierbei konnte er die Senkung der Blutzuckerwerte durch die Catechine des Tees einwandfrei nachweisen. (Veröffentlicht 1987, *Kiso to Rinsshyo*, 21, 163.)

In einem Parallelversuch gab das Team um Doktor M. Shimizu seinen Mäusen einen Extrakt aus Grüntee, der ebenfalls blutzuckersenkend wirkte. Gleichzeitig fanden diese Wissenschaftler heraus, daß nicht nur die Catechine, sondern auch die Polysaccharide das Absenken der Blutzuckerwerte bewirken. (Veröffentlicht 1988, *Yakugaku Zasshi*, 108, 964.)

Zwar gibt es noch keine speziellen Untersuchungen mit Pu-erh-Tee zu diesem Gesundheitsbereich, doch weiß man in China, daß der Catechine-Anteil in diesem speziellen Tee wesentlich höher ist als im normalen Grüntee, und so geht die chinesische Medizin davon aus, daß auch die Wirkung auf den erhöhten Blutzuckerwert um einiges höher sein muß. Vor allem für Diabetiker bietet sich hier eine therapieunterstützende Maßnahme, die bei den heutigen Angebotsformen des Pu-erh-Tees (Tee, Extrakt, Kapseln) für jedermann zur Verfügung steht, sei er nun Teeliebhaber oder nicht.

Gesundheitsvorsorge allgemein

Wie sehr der Tee zur allgemeinen Gesundheitsvorsorge in China, Japan und den meisten anderen asiatischen Ländern seit Jahrtausenden geschätzt wird, ist allseits bekannt. Ein erstes Buch zu diesem Thema erschien bereits im Jahre 1211 unserer Zeitrechnung. Der Mönch Eisai schrieb es mit dem Titel: "Bewahrung der Gesundheit durch Teetrinken". Er beschrieb den Tee in seinem Buch wie folgt: *"Tee ist eine geheimnisvolle Medizin für die Bewahrung der Gesundheit. Tee hat eine außergewöhnliche Kraft, das Leben zu verlängern. Stets dann, wenn ein Mensch Tee zu sich nimmt, wird ein langes Leben folgen. In Vergangenheit und Zukunft wird Tee das Elixier sein, das den Wall der Unsterblichkeit überwinden wird."* Dies sind mit Sicherheit überschwengliche Zukunftsprognosen, den Tee zum "Elixier der Unsterblichkeit" hochzustilisieren, doch wenn man bedenkt, daß die durchschnittliche Lebenserwartung in jener Zeit, als dieses Buch geschrieben wurde, bei etwas mehr als 40 Jahren lag und viele Menschen in Asien, vor allem im Teeland China, bereits 70, 80 oder mehr als 90 Jahre alt wurden, dann kam dies dem Empfinden der Menschen nach Unsterblichkeit bereits recht nahe.

Über die positiven Wirkungen des Tees zur Vorbeugung gegen Krankheiten sind seitdem zahlreiche wissenschaftliche Untersuchungen gemacht und Berichte geschrieben worden. Der Umfang dieses Buches reicht nicht aus, sie alle aufführen zu wollen. Zwei japanische Fachautoren haben die wichtigsten Untersuchungsergebnisse in der Broschüre "The Components and Healthy Effects of Green Tea" zusammengefaßt, und die japanische Zeitung *Chunichi-shinbun Nagoya* (PP. 1–289) schrieb im Jahre 1990 über diese Broschüre und ihre Inhalte: *"Es gibt kein anderes Getränk auf dieser Welt, das so vielfältig positiv auf unsere Gesundheit wirkt wie der grüne Tee."*

Doch nicht nur in Asien hat man sich seitens der Wissenschaft inzwischen intensiver dem Tee gewidmet, auch in den USA und England gibt es zahlreiche Forschungsprojekte zu diesem Thema. Es ist seit einigen Jahren vor allem ein Catechin, Epigallocatechin-Gallat (von der englischen Schreibweise abgeleitet) oder kurz EGCG genannt. Hierbei handelt es sich um ein Antioxidans, das hundertmal effektiver als Vitamin C und mehr als zwanzigmal stärker als Vitamin E auf Zellen und ihr genetisches Material wirkt.

Auf dem 214. Treffen der *American Chemical Society* am 11. September 1997 in Las Vegas referierten drei anerkannte Wissenschaftler aus Großbritannien über ihre Forschungsergebnisse mit Grüntee: L.A. Mitschner, Professor für medizinische Chemie, D. Shankel, Professor für Mikrobiologie, und S.P. Pallai, Professor für Medizin und Chemie. Sie alle hatten bis dahin mehrere Laborversuche mit Tieren und Menschen durchgeführt, in deren Rahmen die unterschiedlichsten gesundheitlichen Wirkungen des Tees untersucht wurden. Über Jahre hinweg haben alle drei Forscher in einem großangelegten Gemeinschaftsprojekt festgestellt, daß der grüne Tee – und somit natürlich auch der Pu-erh-Tee – bei zahlreichen menschlichen Gesundheitsproblemen hilfreich wirken kann. Es handelt sich hierbei um die weltweit erste so weitgehend umfassende wissenschaftliche Untersuchung des Tees schlechthin. Im Mittelpunkt der Berichterstattung über die Studienergebnisse stand EGCG, dessen antioxidative Wirkung erneut bestätigt wurde. Laut Prof. Mitscher könnte Tee in Verbindung mit einer richtigen Ernährung und gezielter körperlicher Bewegung eine wahre "Lebensversicherungspolice" sein.

Karies

Wer jemals Zahnweh hatte, wird bestätigen, daß es kaum ein schlimmeres Schmerzempfinden gibt. Grund für diese alles durchdringenden Schmerzen sind meist Löcher in den Zähnen, die durch Karies entstanden sind. Als Hauptgrund geben die Dentisten mangelnde Zahnpflege an, doch ist auch unsere inzwischen immer weiter denaturierte Ernährung hier mitverantwortlich. Betrachtet man einmal die Naturvölker, die weder Zahnbürste noch Zahnpasta kennen, so bewundern wir häufig die starken und blendend weißen Zähne dieser Menschen. Sie verwenden meist natürliche Pflegemittel auf pflanzlicher Basis zur Mund- und Zahnpflege. In China weiß man bereits seit Jahrhunderten, daß der Grüntee vor Karies schützen kann. In den Jahren 1989 und 1990 wurde dies dann auch wissenschaftlich bestätigt.

Karies entsteht recht schnell: Beläge aus Speiseresten und Bakterien bilden zunächst Plaque, dann Zahnstein, der den Zahnschmelz entkalkt und zerstört. Die Wissenschaftler S. Sakanaka und M. Hattori sowie andere Wissenschaftler widmeten sich dem Problem der Plaquebildung und fanden in Laborversuchen heraus, daß die Catechine im Tee der Plaquebildung entgegenwirken können und daß Grüntee auch gewisse Fluoride enthält, mit denen die Bakterien bekämpft werden. Im Rahmen dieser Untersuchungen stellte man auch fest, daß der Grüntee zahlreiche anderen Bakterien im Mundraum bekämpft und so ein hervorragendes Abwehrmittel gegen zahlreiche orale Entzündungen darstellt. (Veröffentlichungen: S. Sakanaka u.a. *Agric. Biol. Chemy*, 1989, 53, 2307; M. Hattori u.a. *Chemical Pharm. Bulletin*, 1990, 38, 717.)

Krebs

Im allgemeinen Sprachgebrauch werden alle bösartigen Geschwulst- und Systemerkrankungen so bezeichnet. Jeder

Körperteil, jedes Organ und jedes Gewebeteilchen besteht aus Zellen, die in ein unkontrolliertes, wucherndes Wachstum übergehen können, das wir dann Krebs nennen. Seit Jahrzehnten forschen zahlreiche Wissenschaftler weltweit nach den Gründen für das Entstehen von Krebs. Zwar hat man noch nicht alle auslösenden und krankheitsfördernden Gründe entdeckt, doch kennt man inzwischen die Probleme, die zur Krebsbildung führen und das unkontrollierte Wuchern der Krebszellen unterstützen. Es sind vor allem:

- freie Radikale,
- UV- und ionisierende Strahlen,
- chemische Substanzen,
- bestimmte Medikamente,
- genetische Probleme und Störungen,
- hormonelle Ursachen,
- bestimmte Viren.

Vor allem die sogenannten "freien Radikale" werden von zahlreichen Wissenschaftlern immer häufiger als Hauptgründe für die rasche Ausweitung der Krebswucherungen genannt. Freie Radikale sind hochreaktive Atome oder Moleküle, die ein ungepaartes und daher aggressives Elektron besitzen. Sie reagieren mit anderen Molekülen, indem sie diesen ein Elektron entreißen. Dabei kommt es häufig zu andauernden negativen Kettenreaktionen, die verschiedenste Körpersubstanzen schädigen, auch die Membranen der Zelle als deren äußere Schutzhülle und schließlich das Erbgut im Zellkern.

Freie Radikale entstehen ständig im Körper: bei der Zellatmung, bei jeder Entzündung, im gesunden und häufiger noch im kranken Stoffwechsel. Von außen werden sie ihm zunehmend mit Zigarettenrauch, Arzneistoffen, Umweltgiften und durch bestimmte Nahrungsmittel zugeführt. Um Schaden für die Gesundheit abzuwenden, gibt es körpereigene

Abwehrmechanismen, die jedoch in der heutigen Zeit häufig überfordert werden und die infolge eines Mangels an Vitaminen und Mineralstoffen nicht mehr so aktiv sind.

Es ist allgemein bekannt, daß das Krebsrisiko in Asien wesentlich niedriger ist als in Europa und Nordamerika. Bei verschiedenen Krebsarten wie Magen- oder Darmkrebs liegt es sogar um 75 % niedriger als in unserem Land oder den USA. So liegt es nahe, die Gründe für dieses relativ niedrige Krebsrisiko vor allem in der völlig anderen Ernährung zu suchen.

Nach jahrelangen wissenschaftlichen Untersuchungen, die von britischen Ärzten in Cambridge durchgeführt wurden, stellte sich dann auch heraus, daß stärkehaltige Nahrungsmittel, wie Brot, Reis, Mais, Weizen, Nudeln, Kartoffeln, Hülsenfrüchte, Oliven, Bananen und Gemüse, die Gefahr von Darmkrebs bis auf ein Viertel reduzieren können. Die Forschungen sind noch nicht völlig abgeschlossen, doch die bisherigen Erkenntnisse zeigen, daß die Stärke (Polysaccharide) aus der Nahrung aufgespalten und in Form von Glycogen als Vorratsstoff in der Leber gespeichert wird. Überproduktion an Stärke, die nicht unmittelbar im Dünndarm verarbeitet werden kann, muß im Dickdarm durch spezielle Bakterien aufgespalten werden. Diesem Vorgang schreiben die Wissenschaftler die krebsschützende Wirkung zu. Die Darmbakterien sondern bei ihrer Tätigkeit einen Stoff ab, der die Zellveränderungen unterdrückt.

Wie wichtig der grüne Tee bei der Krebsvorsorge und Krebsbekämpfung ist, wurde bei Studien in Japan und China erkennbar. Aufgrund statistischer Daten, mit denen die Sterblichkeitsrate bei Krebs in den verschiedenen chinesischen Präfekturen erfaßt wurde, entdeckten Mitarbeiter des Nationalen Krebsforschungsinstituts in Peking, daß es in bestimmten Regionen zu extrem wenigen Sterbefällen als Krebsfolge kam. Vor allem in der Präfektur Shizuoka lag diese Rate besonders niedrig. So wurde ein Vergleichswert erstellt ("Standardized Mortality Ratio"), mit dessen Hilfe nun jede Stadt, jedes Dorf und auch die kleinen Siedlungen erfaßt wurden. So entstand eine "Landkarte der Krebsverteilung", deren Auswertung ein bereits vermutetes Ergebnis zutage förderte: In jenen Regionen, in denen grüner Tee angebaut und deshalb auch sehr intensiv getrunken wurde, lag die Sterblichkeitsrate an Krebserkrankungen wesentlich unter dem ermittelten Normwert. Doch auch mit diesem Auswertungsergebnis war man noch nicht zufrieden, weil sich in den Grün- und Pu-erh-Tee-Regionen weitere Unterschiede zeigten. So begannen die Wissenschaftler zu ermitteln, auf welche Art und in welchen Mengen dort der Tee getrunken wird. Man fand heraus, daß in den Regionen, in denen der Tee als Standardgetränk täglich in großen Mengen getrunken wird, die Krebssterblichkeit am niedrigsten war. An diesem Punkt der Voruntersuchungen angekommen, stand für die chinesischen Forscher fest: Diesem Ergebnis müssen wir wissenschaftlich auf den Grund gehen.

In Laborversuchen mit Mäusen wurde nun der Tee-Extrakt in flüssiger und trockener Form getestet. Das Team um Professor Shu-Jun Cheng vom Krebsinstitut der *Chinese Academy of Medical Science* in Peking fand so heraus, daß die Zugabe von Grüntee als Extrakt das Krebsrisiko bei den Mäusen um mehr als 50 % senkte. Dies läßt sich nach Prof. Cheng auch auf den Menschen übertragen.

In einer zusätzlichen Studie des *National Cancer Institute* im japanischen Tokio wurde weiter belegt, daß vor allem die Catechine als Hauptkomponenten des Grüntee-Tannins für die Senkung des Krebsrisikos verantwortlich sind. Die Ergebnisse dieser Untersuchungen sowie die von weiterführenden Studien wurden von 1987 bis heute in zahllosen Fachzeitschriften veröffentlicht.

Auf den Pu-erh-Tee bezogen heißt es nach Auskünften aus Yunnan, daß er das Krebsrisiko noch stärker senken kann, da er einen höheren Catechinanteil als normaler Grüntee aufweist. Spezielle Untersuchungen auf diesem Gebiet laufen noch, doch weist auch die Provinz Yunnan eine auffällig niedrige Krebssterblichkeitsrate aus.

Doch nicht nur die Wirkung des Tees und seiner Inhaltsstoffe auf das allgemeine Krebsrisiko wird wissenschaftlich genau untersucht. Auch die Auswirkungen auf bestimmte, häufig auftretende Krebserkrankungen sind forschungsrelevant.

Hautkrebs

So untersuchte z.B. Professor H. Mukthar von der amerikanischen *Case Western Reserve University*, der auch wissenschaftlicher Direktor des *Department of Dermatology*, des *Department of Environmental Health Sciences* und des *Department of Physiology and Biophysics* ist, die Wirkung von Teezugaben bei Hautkrebs sowohl in Tierversuchen als auch an menschlichen Krebszellen. Er stellte im Rahmen dieser Studie auch die Wirkungen von grünem und schwarzem Tee nebeneinander dar. Hierbei wurde untermauert, daß der schwarze Tee zwar auch krankheitssenkende Wirkungen hat, diese aber wesentlich niedriger einzustufen sind als die des grünen (unfermentierten) Tees. In unterschiedlichen Studien konnte Prof. Mukthars Team belegen, daß der Tee das Wachstum von Hautkrebs bremsen kann.

Mammakarzinom

Der unter dem Fachbegriff Mammakarzinom (auch Mammacarzinom geschrieben) international bekannte Brustkrebs ist Ziel zahlreicher Forschungsstudien. Natürlich wird auch der Grüntee und seine bekannte Wirkung gegen Krebs dahingehend untersucht, was er beim Brustkrebs bewirken kann. Das Ergebnis einer Mehrfachstudie über 36 Wochen hinweg, die von den Wissenschaftlern M. Hirose, M. Hoshiya und T. Akagi mit einem Team in Japan durchgeführt wurde, brachte zutage, daß sowohl Catechine aus Grüntee als auch Catecholamine die Wucherung der Brustkrebszellen stoppen oder zumindest verlangsamen können. Veröffentlicht wurde das Untersuchungsergebnis im Jahre 1994 vom amerikanischen *National Cancer Institut* (*Cancer Letters*, 1994; 83: 149–156).

Im Rahmen einer großangelegten Untersuchung der amerikanischen *Mayo Clinic* über den Zusammenhang zwischen Prostatakrebs und Tee wurde auch entdeckt, daß sich neben dem bereits erwähnten Epigallocatechin-Gallat (EGCG) auch die anderen Polyphenole des Tees hemmend auf die Wucherung der Krebszellen beim Mammakarzinom auswirken. (Veröffentlicht: *Mayo Clinic, Cancer Letters*, August 1998.)

Prostatakrebs

Das Prostatakarzinom (Prostatakrebs) hat sich in den USA mit jährlich etwa 245.000 Neuerkrankungen inzwischen zur häufigsten Tumorerkrankung des Mannes entwickelt. In Deutschland werden rund 15.000 bis 20.000 Neuerkrankungen pro Jahr erwartet. Schenkt man den aktuellen Statistiken Glauben, so sterben in unserem Land jedes Jahr rund 11.000 Männer mit oder an einem Prostatakarzinom. Im Rahmen einer großangelegten Untersuchung im Jahre 1993, bei der die Daten von 106.791 Krebssterbefällen als Grundlagendaten verwendet wurden, stand der Prostatakrebs mit 11.401 Fällen an erster Stelle. Hodenkrebs (284 Fälle) oder Peniskrebs (168 Fälle) machen dabei beispielsweise einen geringen Anteil aus. Obduktionsergebnisse an verstorbenen Männern, die alle über 50 Jahre alt waren, ergaben, daß bei rund 40 % aller untersuchten Männer ein Prostatakarzinom nachgewiesen werden konnte, das aber nicht immer für den Tod verantwortlich war.

In verschiedenen Untersuchungen wurde bereits vor zwei Jahrzehnten festgestellt, daß die Männer in Asien wesentlich weniger an Prostatakrebs erkranken als ihre Geschlechtsgenossen in Nordamerika und Europa. Es wäre vermessen, diese relativ niedrige Krebsrate nun einfach auf den Genuß von Grüntee zurückführen zu wollen. Wie sehr der Tee aber an dieser positiven Entwicklung beteiligt ist, wollte man in den USA genau wissen. Zu diesem Zweck wurden verschiedene Studien durchgeführt. Auch die renommierte *Mayo Clinic* befaßt sich intensiv mit diesem Thema und veröffentlichte im August 1998 in ihren *Cancer Letters* die Ergebnisse einer Studie mit Grüntee, in der nachgewiesen wurde, daß nicht nur das bereits erwähnte Epigallocatechin-Gallat (EGCG) die Krebszellen bekämpft. Nach Aussage dieser Studie produziert der grüne Tee auch bestimmte Produkte im Körper, die das Wachstum der Krebszellen stoppen und zu einem sogenannten "Zelltod" der krankhaft veränderten Zellen führen. Im Rahmen dieser Studie wurde ebenso erkennbar, daß sich auch andere Polyphenole im Tee äußerst günstig im Kampf gegen den Prostatakrebs auswirken und in der Lage sind, das Krebswachstum nicht nur zu stoppen, sondern sogar eine Rückbildung der Zellwucherung möglich machen. Die Forschungen auf diesem Gebiet werden intensiv weitergeführt.

Speiseröhrenkrebs

Die erste Studie, die sich mit den Auswirkungen von grünem Tee auf den Speiseröhrenkrebs (esophageal cancer) befaßte, fand im Frühjahr 1993 ihren Abschluß. An dieser Langzeitstudie, die vom Oktober 1990 bis zum Januar 1993 durchgeführt und dann ausgewertet wurde, nahmen 902 Patienten mit Speiseröhrenkrebs teil, die alle in und um Shanghai lebten. Wissenschaftler des amerikanischen *National Cancer Institute* und des *Shanghai Cancer Institute* der VR China arbeiteten hier intensiv zusammen. Die Krankheitsgeschichten aller beteiligten Patienten wurden genau aufgenommen und verglichen und zusätzlich auch 1552 Menschen befragt, die ähnliche Lebensumstände aufwiesen, aber keine Anzeichen von

Krebs hatten. Die Patienten waren zum Zeitpunkt der Studie im Alter zwischen 30 und 74 Jahren. Vor allem dem Bereich des Teetrinkens widmeten sich zahlreiche Fragen, und so kristallisierte sich zum Abschluß der Studie heraus, daß diejenigen Menschen, die regelmäßig täglich mehr als eine Tasse Grüntee zu sich nahmen, ein um rund 50 % niedrigeres Risiko an Speiseröhrenkrebs zu erkranken aufwiesen als alle anderen Untersuchten. Hierbei wiesen Männer und Frauen die gleichen Werte aus.

Abschließend zu Krebs

Professor Charles Y.-F. Young von der *Mayo Clinic* faßte den derzeitigen Stand der wissenschaftlichen Erkenntnisse in einem Interview zu Beginn des Jahres 1999 wie folgt zusammen:

"Wir haben gerade erst begonnen, die Wirkungen der Tee-Polyphenole, des EGCG und der anderen Wirkstoffe auf den Krebs zu verstehen. Die Geschichte des grünen Tees zeigt auch in der Praxis, daß die Wirkungen auf unsere Gesundheit sehr positiv und keinesfalls negativ sind. Nun müssen zahlreiche weitere Untersuchungen und Klinikstudien folgen, um den genauen Mechanismus zu begreifen, mit dem die Grünteekomponenten diesen großen Anti-Krebs-Effekt hervorbringen. Wenn wir das tun, hoffen wir von der Natur zu lernen, wie wir bessere Wege zur Vorbeugung und Bekämpfung von Krebs beschreiten können."

Vergiftungen

Wie wirkungsvoll der grüne Tee als "Bakterienkiller" ist, weiß man in China und Japan bereits seit Jahrhunderten, und schon vor mehr als 1200 Jahren wurde der Tee in einem chinesischen Buch über die Heilkunde als wichtigste Arznei bei Diarrhö (Durchfall) genannt.

Die japanischen Doktoren Y. Hara und T. Ishigami untersuchten den Tee auf dieses alte Volkswissen hin und fanden bei ihren Studien heraus, daß die Teecatechine hervorragende "Agenten" gegen eine Vielzahl von Bakterien sind und auch bei leichteren Lebensmittelvergiftungen rasche Abhilfe schaffen können. Die Studien wurden dann auf zahlreiche Bakterientypen ausgedehnt, und so konnte nachgewiesen werden, daß die Catechine des Tees vor allem bei nachfolgenden Bakterienarten als effektiver "Bakterienkiller" wirken:

- *Staphylococcus aureus,*
- *Vibrio parahaemolyticus,*
- *Clostridium perfringens,*
- *Bacillus cereus,*
- *Plesiomonas shigelloides,*
- *Aeromonas sobria,*
- *Clostridium botulinum.*

In Untersuchung mit Japanern, die traditionell täglich Tee trinken, fanden die Forscher auch heraus, daß der alltägliche Teegenuß sich nicht negativ auf diejenigen Bakterien auswirkt, die der Körper benötigt. (Veröffentlicht 1989, *Nippon Shokuhin Kogyo Gakkaishi,* 36, 996.)

In einer weiterführenden Studie wies Professor Shimamura nach, daß der Tee auch ein starkes Mittel gegen die *Cholera vibrio*-Bakterien ist. Außerdem bestätigte er die Ergebnisse der vorangegangenen Untersuchungen. (Veröffentlicht in der japanischen Ausgabe von *Bacteriol,* 1989, 44, 669.)

Viruserkrankungen

Auf der Basis der Erkenntnisse, daß in der traditionellen asiatischen Medizin der Tee bereits seit Jahrhunderten als Arznei gegen zahlreiche Viruserkrankungen eingesetzt wird, verwenden einige Tabakanbauer in Japan ebenfalls bereits seit Generationen ein auf Grüntee-Extrakt basierendes Mittel zum Schutz ihrer Pflanzen gegen bestimmte Viren. (z.B. den *tobacco mosaic virus*). Hier setzte der japanische Wissenschaftler Dr. Okada mit seinen Untersuchungen an und stellte in einer Studie fest, daß die Teecatechine den Virus stoppen können. (Veröffentlicht 1978, *Chagyo Kenkyu Hokoku,* 48, 52.)

In weiterführenden Studien fand Professor Shimamura dann heraus, daß die Catechine des Tees auch gegen andere Viren wirken, so auch gegen bestimmte Grippeviren. Dies war der erste wissenschaftliche Beweis der traditionellen chinesischen Aussage, daß der Grüntee als Arznei gegen Grippe- und Erkältungserkrankungen bereits seit Jahrhunderten eingesetzt wird. (Veröffentlicht 1990*, Lett. APPI. Micróbiology*, 11, 38.)

Die beiden Wissenschaftler Dr. Nakane und Dr. Ono vom japanischen *Aichi Cancer Institute* haben in Laborversuchen bereits erste Erfolge mit Grüntee-Extrakten im Kampf gegen die weltweit schlimmste Viruserkrankung AIDS erzielt, doch sind dies bisher nur kleine Schritte auf dem Weg zu einem wirkungsvollen Anti-AIDS-Mittel. (Veröffentlicht 1990, *Biochemistry* 29, 2041.)

Zusammenfassend

Im Rahmen verschiedener Studien über die Wirksamkeit bestimmter Lebensmittel als Naturheilmittel, im neuen Sprachgebrauch auch als "Bio-Regulating Function Foods" oder einfach als "Functional Food" bezeichnet, ordnete der japanische Wissenschaftler Dr. H. Inaba den Tee als äußerst wirksames Nahrungsmittel ein und wies ihm folgende, wissenschaftlich untermauerte Eigenschaften zu:

1) Natürliches Mittel zur Krebsvorbeugung und Stärkung des Immunsystems.
2) Krankheitsvorbeugende Wirkung durch Senkung des Bluthochdrucks und des Blutzuckerwertes (Diabetes).

3) Krankheitsbekämpfende Wirkung durch Senkung des Cholesterinspiegels.

4) Hilfsmittel zur Stimulanz des zentralen Nervensystems durch Koffein (gleich Teein).

5) Mittel zur Altersbekämpfung durch die enthaltenen Antioxidantien.

(Veröffentlicht 1988, *Food Chemicals*, No. 11, 32.)

Für all diese Wirkungen des grünen Tees steht auch – vor allem wegen seiner höheren Anteile an Catechinen, Vitaminen und anderen Wirkstoffen – der Pu-erh-Tee in all seinen unterschiedlichen Darreichungsformen.

Tee, Extrakt und Kapseln

Wer sich etwas intensiver mit Tee befaßt – vor allem mit grünem und Pu-erh-Tee –, der ist über kurz oder lang selbst zum Teeliebhaber geworden. Je mehr man bei seinen Recherchen in die Materie eindringt, desto überzeugter wird man von den vorbeugenden und therapieunterstützenden Wirkungen dieses Getränkes, das nach Wasser weltweit am häufigsten getrunken wird. Man vergißt dabei aber leicht, daß es auch zahlreiche Menschen gibt, die andere Getränke bevorzugen oder den grünen Tee wegen seines intensiven Geschmacks nicht gerne mögen. Auch sie müssen heute nicht auf die gesundheitsbringenden Vorteile des Getränks verzichten, denn es gibt auch auf dem europäischen Markt inzwischen Extrakte in flüssiger und trockener Form sowie Kapseln zum Einnehmen. Tee als Extrakt zu verwenden ist aber keine Erfindung unserer Zeit.

Warum eigentlich Extrakt oder Kapsel?

In der chinesischen Medizin werden Extrakte aus Ölen, Kräutern, Wurzeln und Tee bereits seit Jahrhunderten als Arzneimittel verwendet. Nimmt man den Begriff "Extrakt" einmal sinngemäß, so bedeutet er nichts anderes als "Auszug aus tierischen oder pflanzlichen Stoffen". So betrachtet sind eigentlich alle Arzneien, die auf der Basis von Pflanzen entstehen, ebenfalls nichts anderes als Extrakte, also Auszüge der gewünschten Wirkstoffe aus den entsprechenden Pflanzenteilen. Bei einem Medikament ist der Einsatz sofort offensichtlich: Es kann mit ausgewählten Wirkstoffen in speziell gewählten Dosierungen gezielt gegen bestimmte Krankheiten oder ihre Symptome vorgegangen werden. Betrachten wir uns noch einmal die zuvor bereits erwähnten nachgewiesenen Vorsorge- und Heilwirkungen des grünen und des Pu-erh-Tees, so trifft dies ebenso zu. Mit einem Pu-erh-Extrakt, ob in flüssiger Form oder als Kapsel, können die Wirkstoffe ebenfalls in einer wesentlich leichteren Dosierbarkeit eingesetzt werden. Wichtig ist natürlich die Zusammensetzung des Extraktes bzw. des Kapselinhaltes, worauf wir in diesem Abschnitt des vorliegenden Buches noch genauer eingehen wollen.

Weitere, ebenso wichtige Punkte, die für Extrakte und Kapseln sprechen, sind die bessere Lagerfähigkeit, eine bessere Portionierbarkeit und eine meist wesentlich längere Haltbarkeit. Bei der Herstellung von Extrakten entsteht im Normalfall ein Endprodukt, das ein wesentlich geringeres Volumen aufweist als das Ausgangsprodukt. Es kann dann in kleineren, transportgerechteren Behälter verpackt und gelagert werden. Für den Einsatz beim Patienten oder auch in der allgemeinen Krankheitsvorbeugung können dann leicht alle nur erdenklichen Mengen abgepackt werden.

Wie wichtig gerade bei Tee auch die Lager- und Transportform in früheren Zeiten war, zeigen uns die unterschiedlichen Formen, in denen Pu-erh-Tee hergestellt wurde (siehe hierzu auch den Abschnitt *Die verschiedenen Formen*). So ließ sich der Pu-erh-Tee in Form gepreßter Barren, Kuchen oder auch handgeformt als Kugeln wesentlich einfacher auf den Transporttieren jener Zeit verstauen als etwa lose in Säcken verpackt. Für den modernen Menschen von heute ist die Verpackungsform des Tees, den er zur Gesundheitsvorsorge oder Therapieunterstützung zu sich nimmt, aber ebenso wichtig wie für die Händler im alten China. Der Grund hierfür ist die ständige Verfügbarkeit. Vor allem die berufstätigen Menschen in unserem Land, deren Arbeitstag frühmorgens mit dem Weg zur Arbeitsstätte beginnt, gefolgt von einer achtstündigen Arbeitszeit und dem abschließenden Heimweg, haben nur in seltenen Fällen die Zeit, sich zwei- oder dreimal grünen Tee zuzubereiten. Hier bieten sich Extrakte und

Kapseln als geeignete Möglichkeiten an, dennoch nicht auf die Wirkungen des Tees verzichten zu müssen. Vor allem die Kapseln zeigen hier ihren großen Vorteil, zumal eine kleine Packung in jeder Jackentasche Platz findet.

Der gezielte Einsatz im Gesundheitsbereich

Wer sich für den Einsatz von Pu-erh-Tee als therapieunterstützendes Mittel entscheidet, weil er von der Wirksamkeit ebenso überzeugt ist wie zahlreiche Menschen in China bereits seit mehr als einem Jahrtausend, muß sich auch darüber klar sein, daß der Geschmack dieses speziellen Tees nicht jedermanns Sache ist. Zwar gibt es, wie wir inzwischen wissen, verschiedene Versionen des Pu-erh-Tees, doch wegen ihrer langen Lagerzeit haben sie alle eines gemein: Sie sind im Aroma leicht "fischig". Dies drückt sich aber kaum im Geschmack aus. Sie sollten den Tee zuerst einmal selbst ausprobieren; über Geschmack in jeglicher Form sollte man nicht streiten, denn er ist individuell unterschiedlich. Meiner sicherlich subjektiven Meinung nach ist der Geschmack gar nicht so ungewöhnlich, sondern nur ein wenig anders, sicher aber nicht so extrem, daß man ihn nicht genießen kann. Sollte er sich als Hindernis bei der Einnahme des Tees erweisen, so bieten vor allem die derzeit angebotenen Pu-erh-Tee-Kapseln hier rasche Abhilfe, denn sie ermöglichen es, den Tee in konzentrierter Form nahezu geschmacksfrei zu sich zu nehmen.

Für den gezielten Einsatz zur Vorbeugung und Bekämpfung gesundheitlicher Probleme lassen die Kapseln sich auch leicht portionieren, um eine gewünschte Einnahmemenge zu ermöglichen. Sie sollten dabei aber beachten, daß Kapseln unterschiedlicher Hersteller auch unterschiedliche Inhaltsstoffe haben können.

Für einige der Inhaltsstoffe eines Teegetränkes ist es sehr wichtig, wie lange die Teeblätter im heißen oder kochenden

Wasser verblieben sind. Vor allem die Gerbstoffe sind hiervon abhängig, aber auch das Koffein (Teein). Es kann bei bestimmten Einsätzen, z.B. gegen Depressionen oder Bluthochdruck, aber wichtig sein, stets gleiche Inhaltsstoffe zu haben. Hier bieten nur Extrakt und Kapsel eine gezielte Einsatzmöglichkeit.

Ein weiterer, speziell für Pu-erh-Tee wichtiger Punkt, der zum Gebrauch von Extrakten und Kapseln rät, ist die Echtheit des Produktes. Dies mag sich auf den ersten Blick recht merkwürdig lesen, läßt sich aber rasch erklären: Nach Aussage einiger Großhändler aus Japan wird derzeit von den immer zahlreicher werdenden Teehändlern mehr Pu-erh-Tee angeboten, als tatsächlich jährlich in Yunnan verkauft wird. Die Gründe hierfür sind die rasch steigende Beliebtheit dieses Tees und der infolgedessen schnell anziehende Preis. Er wird also häufig "gestreckt", indem ihm andere, billigere Teesorten oder Kräuterzusätze beigegeben werden. Will man also die Garantie haben, auch wirklich echten Pu-erh-Tee zu sich zu nehmen, muß man ihn entweder direkt aus Yunnan beziehen, was aber nur in größeren Mengen möglich ist, oder ihn originalverpackt bei einem der zahlreichen Großhändler erwerben. Eine weitere Möglichkeit bieten die Pu-erh-Tee-Kapseln. Bei den strengen Vorschriften und Kontrollen, denen Pharmafirmen in Europa unterliegen, ist das Risiko, etwas anderes zu bekommen, als bei der Inhaltsangabe eines Produktes vermerkt, äußerst gering.

Grüntee-Extrakt-Analysen aus Japan, Großbritannien und den USA

Häufig verweisen die immer zahlreicher werdenden Anhänger der Naturheilkunde darauf, daß ein Extrakt oder eine Kapsel nicht den gleichen Heilwert hat wie das pflanzliche Ausgangsprodukt. Dies trifft für den Grüntee nicht zu, wie man in Asien schon seit Jahrhunderten weiß. In unserer Zeit wurde diese Behauptung bereits durch zahlreiche wissenschaftliche Studien bestätigt. Wer sich einmal etwas intensiver mit all diesen praktischen Untersuchungen und Langzeittests beschäftigt, erkennt bald, daß es vor allem die Extraktform ist, die hierbei angewendet wird. Wer will etwa seinen Mäusen im Labor jeden Tag 4 bis 5 Tassen grünen Tee verabreichen? Das ist in der Praxis gar nicht durchführbar. Es liegt auch in der Natur der Sache, daß man nur mit genau dosierten Extrakten und/oder Kapseln eine wirkliche Möglichkeit des direkten Vergleichens von Ergebnissen und Wirkungen im menschlichen Bereich hat.

Neben den zahlreichen wissenschaftlichen Untersuchungen des Tees gibt es natürlich auch Studien, die sich gezielt mit Extrakten der unterschiedlichsten Varianten befassen. So veröffentlichte das japanische *National Cancer Institute* zusammen mit der gleichnamigen US-amerikanischen Einrichtung im März 1995 eine Liste von wissenschaftlichen Untersuchungen mit Tee-Extrakten, die sich alle auf Krebserkrankungen allgemein oder auf spezielle Krebsformen bezogen. Der wissenschaftliche Nachweis, daß Tee in Extraktform – und hier vor allem der Grün- und somit auch besonders der Pu-erh-Tee – sich äußerst positiv bei nahezu allen Krebsformen auswirkt, ist so vielfältig, daß ihn wohl kein seriöser Mediziner und Ernährungswissenschaftler mehr ignorieren kann. Eine Liste dieser veröffentlichten Studien des *National Cancer Institute* finden Sie im Anhang zu diesem Buch.

Erweiterung der Anwendungsmöglichkeiten durch gezielte Beigaben

Ein weiterer Punkt, der für den Einsatz von Extrakten und Kapseln aus Grüntee im medizinischen Bereich spricht, ist die Möglichkeit der gezielten Beigabe anderer natürlicher Wirkstoffe, um so die Gesamtwirkung zu erhöhen. Auch dies ist keine neue Erfindung, sondern ebenfalls ein "alter Hut" aus der Volksmedizin und der Traditionellen Chinesischen Medizin.

Während die Volksmedizin in unserem Land, der ja seit Jahrhunderten eigentlich nur der Schwarztee zur Verfügung stand, diesen für Mischungen mit bestimmten Kräutern verwendete, wurden im asiatischen Raum auch bestimmte Pilz- und Bakterienkulturen verwendet. Eine heute wiederentdeckte Form ist der Kombucha-Tee (auch Combucha geschrieben).

In Europa kaum bekannt ist der Einsatz von Milchsäurebakterien zusammen mit Grüntee. In einigen Teilen Nordchinas und auch in Tibet werden bereits seit mehr als einem Jahrtausend gezielte Tee-Sauerkohl-Kuren gegen zahlreiche Beschwerden im Magen-Darm-Bereich, aber auch bei Blutdruckproblemen und Herzbeschwerden eingesetzt. Man erzählt sich in China, daß bereits beim Bau der Chinesischen Mauer (Ende 3. bis 6. Jahrhundert n.Chr.) den Arbeitern regelmäßig milchsauer vergorener Kohl und Grüntee gegeben wurden, um so ihre Gesundheit und Arbeitskraft möglichst hoch zu halten. Schon damals wußten die Heilkundigen, wie wichtig ein sinnvoll gefüllter Magen und ein gut funktionierender Darm für den allgemeinen Gesundheitszustand sind. Heute weiß man aus zahlreichen Studien: Eine Darmsanierung ist der Grundstock unserer Gesundheit.

Darmsanierung bedeutet nicht mehr und nicht weniger als die Wiederherstellung des natürlichen Milieus im Darm. Unser Körper lebt in einer ständigen Symbiose mit den Keimen und Bakterien, die im Darm, auf den Schleimhäuten und auf der Haut im Normalfall anzutreffen sind. Wir benötigen sie, und sie können ohne uns nicht leben. Wird diese Symbiose gestört, können schädliche Keime eindringen und sich dort festsetzen. Diese verändern das Milieu, verdrängen nützliche Keime und schädigen unseren Körper und seine Organe. Das Ergebnis zeigt sich letztendlich in Form zahlreicher Erkrankungen und den sie begleitenden Symptomen. Gerade hier können dann die Milchsäurebakterien ihre sinnvolle Aufgabe verrichten.

Was ist Milchsäure und wie wirkt sie?

Die Gärung als natürliche Form der Haltbarmachung von Lebensmitteln hat eine uralte Tradition. Zwar wurden die Gerätschaften und Hilfsmittel immer wieder verfeinert, doch die Gärungsprozedur selbst ist ein natürlicher Prozeß, den der Mensch nur bedingt verbessern kann, will er nicht alle Vorteile der Naturgärung wieder zunichte machen. Unter Gärung verstehen wir im engeren Sinn den enzymatischen Abbau von Kohlenhydraten, im weiteren Sinn aber auch den von nichtaromatischen Aminosäuren, Carbonsäuren u.a. Man unterscheidet in zwei Arten der Gärung:

Aerobe Gärung, hierbei ist die Mitwirkung von Sauerstoff vonnöten, z.B. bei der Essigsäure- oder der Citronensäuregärung. Organische Substanz wird im einfachsten Fall zu anorganischer Substanz abgebaut.

Anaerobe Gärung, die ohne die Mitwirkung von Sauerstoff abläuft, z.B. bei der alkoholischen und der Milchsäuregärung. Hierbei werden Zwischenprodukte gebildet – meist Säuren –, die ihrerseits wieder als Nährsubstrate für Bakterien dienen können, aber auch zur Nahrungsmittelherstellung.

Für die Milchsäuregärung sind drei Faktoren nötig:
- Eine Salzkonzentration von etwa 1 %.
- Bestimmte Temperaturen.
- Ein luftdichter Verschluß.

Zwar nutzte man das natürliche Verfahren der Milchsäuregärung bereits seit Jahrtausenden, doch die Milchsäure (*Acidum lacticum*) selbst wurde erst 1790 von dem Deutschen

Scheele aus saurer Milch isoliert.

Nahm man früher an, daß die Milchsäure allgemein über eine schützende Wirkung gegen Bazillen und Bakterien verfügt, weiß man heute, daß eine bestimmte Form der Milchsäure wirksamer schützen kann: die rechtsdrehende.

Die rechtsdrehende Milchsäure

Im *Journal of the American Chemical Society* konnte man im Mai 1998 nachlesen, daß die Molekülrichtung für die Antikörperproduktion entscheidend ist. Dies entdeckten erst vor kurzem Volker Schurig von der Universität Tübingen und Meir Wilchek vom israelischen Weizmann-Institut zusammen mit einigen anderen Kollegen. Eine Abwehrwaffe des Körpers gegen Eindringlinge sind Y-förmige Antikörper, die sich an bestimmte Moleküle auf der Oberfläche der Störenfriede heften. Was man bisher nicht wußte: Für die Antikörper ist wichtig, ob ihr Gegenüber ein links- oder rechtsdrehendes Molekül ist.

Insbesondere Aminosäuren sind um sich selbst gewunden, wobei sie bisweilen sowohl in rechts- als auch linksdrehenden Varianten vorkommen. Diese Eigenschaft nennen Chemiker die "Chiralität" eines Moleküls. Die Antikörper arbeiten außerordentlich genau, indem sie zuverlässig das Chiralitätszentrum der Aminosäure identifizieren. Dieses bestimmt, in welche Richtung sich das Molekül windet. Die rechtsdrehende Milchsäure, die auch im Sauerkraut und seinem Saft anzutreffen ist, wird mit L(+) bezeichnet.

L(+)-Milchsäure dient auch der Energiegewinnung vor allem in Muskeln, Leber und den roten Blutzellen. Sie ist häufig auch eine Ausgangssubstanz für den Aufbau von Fettsäuren, Glucosen und Steroiden und gilt als bedeutender Schutzfaktor sowie Regulatorium für die Darmflora. In der Medizin wird auch die wachstumshindernde Wirkung bei krankheitserregenden (pathogenen) Keimen geschätzt. Es ist auch bekannt, daß die L(+)-Milchsäure vom menschlichen Körper wesentlich schneller resorbiert wird als die (linksdrehende) D(–)-Milchsäure.

(Mit freundlicher Genehmigung dem Buch "Sauerkraut-Saft – Jungbrunnen für den Darm" von Urs Frey entnommen, das ebenfalls im Kern-Verlag erschienen ist.)

Will man nun die Wirkungen des Pu-erh-Tees mit denen der Milchsäurebakterien kombinieren, müßte man täglich den Tee trinken und rohes Sauerkraut oder bestimmte Joghurtprodukte zu sich nehmen. Die Erfahrung der Ernährungswissenschaft zeigt aber, daß es dann unwillkürlich zu einer einseitigen Ernährung kommt, die unserem Körper auf Dauer auch nicht besonders gut tut. Hier bieten sich Kapseln geradezu an, denn ihr Inhalt kann so zusammengestellt werden, daß er all diese wichtigen Wirkstoffe in sinnvoller Kombination enthält.

Diese Form der Zusammenstellung bestimmter Extrakte aus natürlichen Pflanzenstoffen und Bakterienkulturen, wie sie die chinesische Medizin schon lange kennt, wird in unserer modernen Zeit ein immer beliebter werdender Zusatz zur täglichen Ernährung und fällt im deutschen Sprachgebrauch unter den Begriff der "Nahrungsergänzungsmittel". Das Wort drückt damit bereits aus, was solche Kapseln bewirken: Sie sollen die tägliche Nahrungsaufnahme sinnvoll ergänzen.

Zur Nahrungsergänzung gehört aber auch der gesamte Vitaminkomplex. Mit dem Einzug der Fast-Food-Kost in die europäischen Haushalte wurden die Vitamine aus der natürlichen Ernährung immer weiter in den Hintergrund gedrängt. Durch Haltbarmachungsverfahren wie z.B. Pasteurisieren werden die natürlichen Vitamine in der Nahrung häufig zerstört. Wie wichtig die Vitamine aber für unser Leben sind, wissen wir nicht erst seit gestern. Hinter dem Begriff "Vitamine" verbirgt sich eine zusammenfassende Bezeichnung für eine

Gruppe von chemisch sehr unterschiedlichen Substanzen, die von Pflanzen und Bakterien synthetisiert werden und für den Stoffwechsel der meisten Tiere und des Menschen essentiell (lebensnotwendig) sind. Da sie aber vom menschlichen Organismus nicht synthetisiert werden können, müssen sie ständig mit der Nahrung zugeführt werden; ein Vitaminmangel kann zu verschiedenen Mangelkrankheiten führen. Ihre biochemische Wirkung beruht größtenteils auf ihrer Funktion als Koenzyme. Die Vitamine werden nach ihrer Löslichkeit in die Gruppen der fettlöslichen (Vitamin A, D, E, K) und der wasserlöslichen (Vitamine der B-Gruppe und Vitamin C) eingeteilt. Daneben werden auch ebenfalls essentielle Nahrungsbestandteile zu den Vitaminen gezählt, so z.B. das wasserlösliche Vitamin P (Rutin).

Zu den Vitaminen des sogenannten B-Komplexes gehören:

Vitamin B_1, auch ***Thiamin*** genannt. Es ist zuständig für die Umwandlung der Kohlenhydrate und ebenfalls essentiell für den Menschen. Dieses wasserlösliche Vitamin aktiviert den Energiestoffwechsel und trägt somit zur Aufrechterhaltung aller organischen Funktionen bei. Vitamin B_1 ist von entscheidender Bedeutung für das Gleichgewicht des Nervensystems. Thiaminmangel kann zu Neuropathien (Nervenkrankheiten) führen, ebenso zu Sensibilitätsstörungen, Koordinationsstörungen, Muskelschwäche und -lähmung und auch zu kardiovaskulären (Herz und Gefäße betreffenden) Erkrankungen. Ein Mangel kann bedingt durch einseitige, denaturierte Ernährung (etwa Auszugsmehlprodukte) und übermäßigen Alkoholkonsum entstehen, aber auch durch Krankheiten wie Beriberi, diabetische Azidose oder schwere Leberfunktionsstörungen. Die Symptome äußern sich unter anderem durch Kopfschmerzen, Konzentrationsschwierigkeiten, Appetitlosigkeit, Magenschmerzen, trockene und schuppige Haut sowie Hautrisse an den Mundwinkeln.

Vitamin B_2, auch ***Riboflavin*** genannt, ist notwendig für den Abbau von Fett und Eiweiß, unterstützt daher die Leberfunktion und beugt Stoffwechselstörungen vor. Es fördert die Bildung von roten Blutkörperchen und das Wachstum. Riboflavin ist als Koenzym der Zellatmung ein Bestandteil aller pflanzlicher und tierischer Organismen. Vitamin-B_2-Mangel ist daher sehr selten und äußert sich unter anderem durch trockene, schuppige, entzündete Haut, brennende Augen und verminderte Sehschärfe.

Vitamin B_6, auch ***Pyridoxin*** genannt, spielt eine entscheidende Rolle beim Eiweißstoffwechsel und ist ebenfalls essentiell. Eine eiweißreiche Ernährung steigert den Bedarf an Vitamin B_6. Ein Mangel an diesem Vitamin führt unter anderem zu Übelkeit, Appetitlosigkeit, Haut- und Schleimhautentzündungen, geröteter, verhornter Haut. Vitamin-B_6-Mangel kann ebenfalls Schmerzen in den Fingern und Zehen hervorrufen, zu Neuropathien führen und Krämpfe bei Neugeborenen und Säuglingen hervorrufen.

Vitamin B_9, auch als ***Folsäure*** bekannt, ist in seiner vitaminen Form vor allem in pflanzlichen Nahrungsmitteln anzutreffen. Folsäure ist für die Bildung und den Abbau verschiedener Aminosäuren wichtig und nimmt so Einfluß auf den Homocysteinstoffwechsel und ist am Intermediärstoffwechsel beteiligt. Folsäure ist auch wichtig für Zellteilung und Zellneubildung. Sie ist die Vorstufe des Koenzyms Tetrahydrofolsäure. Ein Folsäuremangel führt zu Anämie (Blutarmut), bei der die roten Blutkörperchen sich nicht richtig entwickeln können.

Vitamin B_{12} ist im menschlichen Körper in bestimmten Depots gespeichert. Am größten ist der Anteil in der Leber. Es wird über die Galle wieder abgebaut. Bei Überschreitung der Normalmenge im Körper wird der nicht benötigte Anteil über den Urin ausgeschieden. Vitamin-B_{12}-Mangel macht sich durch Müdigkeit, Abgeschlagenheit und mangelnde Belastungsfähigkeit aus und tritt erst nach jahrelanger Fehlernährung auf.

Da der Pu-erh-Tee gerade in den vergangenen Wochen und Monaten durch die Medien in unserem Land rasch zu einem hohen Bekanntheitsgrad gekommen ist, sind natürlich ebenso schnell auch verschiedene Extrakte und Kapseln zu diesem Komplex auf den Markt gekommen. Zum Zeitpunkt meiner Recherchen für dieses Buch fand ich aber nur eine Kapsel auf dem deutschen Markt, in deren Inhalt die altbewährte Kombination des chinesischen Tees mit der rechtsdrehenden L(+)-Milchsäure und dem Vitamin-B-Komplex aufzufinden war. Es handelte sich dabei um die Pu-erh-Tee-Kapseln des bayerischen Unternehmens Bergland-Pharma Naturheilmittel, die in Apotheken und Reformhäusern erhältlich sind.

In einem weiteren Präparat wird der Pu-erh-Tee in reiner Form in Kapseln verarbeitet und ist damit praktisch portioniert.

Auf meine Anfrage hin teilte man mir seitens Bergland-Pharma mit, daß es sich bei den beiden Präparaten um reinen Pu-erh-Tee aus dem Bergland der chinesischen Provinz Yunnan handelt, der verarbeitet wird. Der Inhalt einer Kapsel kann auch durch Zugabe von Wasser in zwei Tassen Pu-erh-Tee verwandelt und dann getrunken werden. So bieten diese Kapseln zwei Möglichkeiten, den Pu-erh-Tee zu sich zu nehmen: Einmal in konzentrierter und somit nahezu geschmackloser Form, und dann auch als Teegetränk. Dies scheint mir eine Idealform zu sein, wie man Pu-erh-Tee täglich zu sich nehmen kann, ohne damit seinen persönlichen Essens- und Getränkefahrplan ändern zu müssen. Ebenfalls ein wichtiger Punkt, der für Extrakte und Kapseln spricht.

Pu-erh und was Sie noch dazu wissen sollten

Sobald der Pu-erh-Tee in den deutschen Medien eine gewisse Beachtung erfuhr und auch in einigen TV-Magazinen darüber berichtet wurde, fanden sich sofort die für unser Land üblichen Institutionen ein, die vor den möglichen Folgen von zuviel Pu-erh-Tee ebenso warnten wie vor zu hohen Erwartungen auf dem Gesundheitssektor. Sogleich fühlten sich auch Verbraucherschutzorganisationen aufgefordert, mit erhobenem Zeigefinger zu argumentieren, ohne dabei aber über ausreichende Informationen zu verfügen. Zu welchen Auswüchsen das inzwischen in unserem Land führt, zeigt die Meldung, die ich wenige Tage vor Fertigstellung des Buches zugefaxt bekam. Es handelte sich um eine Information der Arzneimittelkommission der deutschen Apotheker. Inhalt war eine Untersuchung zu Pu-erh-Tee, die für mich in der hier wörtlich wiedergegebenen Aussage gipfelte:

"Zwar sind schwarzer und grüner Tee in der Regel als Lebens- bzw. Genußmittel anzusehen. Wenn Tee jedoch weder wegen seines Wohlgeschmacks noch wegen eines ernährungsphysiologischen Bedarfs, sondern nur zur Gewichtsreduktion getrunken werden soll, handelt es sich nach Auffassung des Bundesinstitutes für Arzneimittel und Medizinprodukte (BfArM) um ein Arzneimittel."

Was bedeutet das für tägliche Praxis des Einkaufens? Muß nun die Kassiererin an der Supermarktkasse fragen: "Was machen Sie mit dem Tee im Einkaufswagen? Wollen Sie ihn gegen Durst oder zum Abnehmen trinken?" Und was geschieht, wenn ich antworte: "Zum Abnehmen!" Darf mir der Supermarkt dann diesen Tee nicht verkaufen, aber meinem Sohn, den ihn gegen seinen Kinderdurst trinken will? Das ist – entschuldigen Sie meine krassen Worte – ein hochgradiger

Schwachsinn. Würde man diesen dummen Gedankengang des Bundesinstitutes nämlich konsequent weiterverfolgen, müßten bald in allen deutschen Haushalten auch zwei Arten von Wasserzählern installiert werden: der für das Trink- und Gebrauchswasser wie bisher und ein zusätzlicher für das neu deklarierte ”medizinische Wasser”, das dann direkt von der nächsten Apotheke in jeden Haushalt eingespeist wird. Schließlich wird ja auch bei fast jeder Diät empfohlen, viel Wasser zu trinken, um den Vorgang des Abnehmens zu beschleunigen. Trinke ich also nur aus diesem Grund Wasser und nicht, weil ich Durst habe, handelt es sich nach der Auffassung des BfArM dann wohl auch um ein Arzneimittel. Denn Wasser und Tee sind wie gesagt die beiden Getränke, die weltweit mit großem Abstand am meisten konsumiert werden. Medizinisches Wasser und medizinischer Tee als apothekenpflichtige Nahrungsmittel sind sicher der Traum jedes Apothekerverbandes schlechthin. Hier herrscht anscheinend beim Bundesinstitut für Arzneimittel und Medizinprodukte ein gewaltiger Nachholbedarf an Information – und auch an logischem Denken.

Wie bereits am Anfang dieses Buches angesprochen, ist der Informationsstand zu Pu-erh-Tee bis heute in unserem Land sehr gering, und ich hoffe, mit diesem Buch einen kleinen Beitrag zur Verbesserung der Situation geschaffen zu haben. Doch auch mir werfen sich noch zahlreiche Fragen auf, die ich für mich beantwortet haben möchte.

Das wohl größte Problem stellt sich für viele Menschen – und natürlich für die bereits erwähnten Institutionen – mit der Einordnung des Pu-erh-Tees in die bekannten Kriterien wie grüner oder schwarzer Tee. Dies ist auch nicht möglich, denn er ist sowohl grün als auch rot, gelb, braun und schwarz. Wie bereits angesprochen, ist der Pu-erh kein direkt einzuordnender Tee, denn er stellt sich in vielfältiger Form dar. Muß nun aber, aus verwaltungstechnischen oder sonstigen für Institutionen wichtigen Gründen, eine Zuordnung erfolgen, so ist der Pu-erh-Tee eher ein grüner, der eine spezielle Post- oder Nachfermentierung erfährt, als ein schwarzer Tee. So sieht man es jedenfalls in Yunnan, dem Ursprungsland. Dies ist auch völlig logisch, wenn man den Tee einmal im Original betrachtet. Je nach Alter und Lagerform stellt er sich in allen nur erdenklichen Farbnuancen zwischen Olivgrün und Erdbraun dar. Bereitet man ihn dann einmal selbst zu, stellt man rasch fest, daß er im Gegensatz zum normalen Schwarztee auch beim dritten Aufguß noch über das gleiche Aussehen und Aroma sowie den gleichen Geschmack verfügt. Dies ist bei einem vollfermentierten Schwarztee in der Praxis nicht möglich!

Es gibt auch den speziellen grünen Pu-erh (siehe *Die verschiedenen Formen*), wie in diesem Buch bereits am Beispiel des "Pressed Green Pu-erh Cake Tea" erläutert wurde. Diesen als Schwarztee zu bezeichnen ist sicherlich völlig verkehrt; auch dies ist ein echter Pu-erh-Tee. Er ist nur wesentlich kürzer gelagert als die meisten dunkleren Varianten. So wissen wir nun, daß die Farbe des Pu-erh auch von der Lager- und somit der Post-Fermentierungszeit abhängig ist. Diese spezielle Nachfermentierung macht aber aus dem grünen noch lange keinen schwarzen Tee. Nach Aussagen des *Tee Research Institute* der *All-China Federation of Supply and Marketing Cooperatives Hangzhou* wird der Pu-erh als "dark green tea" bezeichnet, also als dunkelgrüner Tee. Dies sieht auch die Herstellerfirma *Yunnan Tea Import & Export Corporation* so. Damit steht für mich fest: Pu-erh ist in die Kategorie der Grüntees einzuordnen und weist auch alle Inhalts- und Wirkstoffe des grünen Tees auf, einige allerdings in verstärkter Form.

Für den deutschen Markt gibt es inzwischen eine Laboruntersuchung über Pu-erh-Tee, die von der Arzneimittelkommission der Deutschen Apotheker gemacht wurde. Diese bestätigt, daß es sich um schwarzgrüne und rotbraune Teeblätter der Spezies *Camellia* handelt, die charakteristische Merkmale der Gattung *sinensis* aufweisen. Dies bestätigt also die Aussagen, die mir aus Yunnan zur Pflanze und zum Tee gemacht wurden.

Es wird derzeit mehr Pu-erh-Tee weltweit angeboten als handelbar ist

Da seit 1998 die Nachfrage zu Pu-erh-Tee sprunghaft in die Höhe geschossen ist, er aber eine mehrere Jahre währende Lagerzeit absolvieren muß, um zum Pu-erh und somit auch handelbar zu werden, ist dieser Nachfrageanstieg nicht einfach zu bewältigen. Für den Produzenten stellt sich hier das kleinere Problem, denn er hat seine für den Handel freigegebene Ware sofort verkauft und muß sich über Werbung keine Gedanken machen. Außerdem kann er aufgrund seiner Monopolstellung den Preis völlig nach eigenen Vorstellungen gestalten. Anders stellt sich die Situation schon für den Groß- und Einzelhandel dar. Dort sieht man ein rasch wachsendes Geschäft, für das man die benötigten Produkte nicht in ausreichender Menge bekommt. So beginnen findige Großhändler, vor allem in Japan und den USA, das Ausgangsprodukt zu strecken. Hierbei werden die unterschiedlichsten Tricks angewendet. So bieten z.B. einige Händler unter oft kuriosen Namen Tees mit Blumen- und Kräuterzusätzen an. Andere wieder mischen billigere Teesorten hinzu, wobei sie sowohl grüne als auch schwarze Teesorten verwenden und diesen Mischungen dann ebenfalls die tollsten Namen geben. Dies alles führt natürlich zu heftigen Irritationen beim Endverbraucher, der bald gar nicht mehr weiß, was nun eigentlich noch Pu-erh-Tee ist und was nicht.

Wie man echten Pu-erh erkennen kann

Für den Laien ist es durch dieses Verhalten einiger Großhändler meist nicht ganz einfach, echten Pu-erh-Tee von Mischungen zu unterscheiden. Als Faustregel kann man sagen: Solange der Pu-erh originalverpackt, also in der VR China hergestellt und abgepackt wurde, kann man sichergehen, echten Tee zu erwerben. Hierbei sollten Sie auch auf die Verpackung achten. Dort sollte außer dem Namen des Tees nichts anderes in englischer Sprachen stehen.

Eine weitere Möglichkeit, nicht auf gestreckten oder anderweitig bearbeiteten Pu-erh-Tee zu stoßen, bieten die meisten Pu-erh-Produkte wie Extrakte oder Kapseln, die nach den strengen gesetzlichen Bestimmungen in unserem Land meist ordentlich ausgezeichnet sind. Sie enthalten dann im Regelfall auch das, was außen aufgedruckt ist. Steht dort Pu-erh-Tee, dann ist er auch drin.

Die häufigsten Fragen zu Pu-erh

Bei meinen Recherchen sprach ich auch mit zahlreichen Menschen, die mit dem Teeverkauf und der Informationsweitergabe zu tun haben. Hierbei erfuhr ich, daß die Endverbraucher, die sich die Inhaltsstoffe des Tees zunutze machen möchten, immer mehr verunsichert werden. Hierfür sind die sich mehrenden widersprüchlichen Meldungen über den Tee und seine Wirkungen verantwortlich. Die am häufigsten gestellten Fragen möchte ich nachfolgend nach meinem derzeitigen Wissensstand beantworten.

Kann man mit Pu-erh-Tee wirklich abnehmen?
Die Frage möchte ich nicht mit einem einfachen "Ja" beantworten, denn zum Abnehmen auf Dauer gehört mehr, als nur einen Tee zu trinken oder eine Kapsel zu schlucken. Zwar steht für mich fest, daß sich die Wirkstoffe des Pu-erh positiv auf den Fettstoffwechsel auswirken, doch wer wirklich 10, 20 oder mehr Kilo abnehmen will, der muß auch etwas dafür tun und die Gewohnheiten abstellen, die zu diesem Übergewicht geführt haben. Hierbei ist Pu-erh mit Sicherheit ein großer Helfer, wie die praktischen Erfahrungen in China seit mehr als 1000 Jahren und in meiner eigenen Umgebung seit einigen Wochen gezeigt haben. Doch Pu-erh-Tee als reines Schlankheitsmittel zu sehen, das man am Montag einnimmt, um am Dienstag bereits ein Kilo Gewicht verloren zu haben, ist mit Sicherheit der falsche Gedankenansatz.

In erster Linie ist Pu-erh ein Tee, also ein Getränk, das in der chinesischen medizinischen Betrachtung auch bestimmte Wirkungen auf den Körper hat. Wie aber bei allen anderen sogenannten Naturheilmitteln auch, liegt die Wirkung nicht in einem kurzen, gezielten Einsatz wie etwa bei chemischen

Medikamenten, sondern in der regelmäßigen Einnahme und einer daraus resultierenden langsamen Veränderung.

Wieviel Gewicht kann man mit Pu-erh abbauen?

Auch diese Frage kann nicht mit einer eindeutigen Zahl beantwortet werden. Für die Gewichtsabnahme sind viele verschiedene Faktoren zuständig. Wenn man sich nur im eigenen Umfeld einmal etwas genauer umsieht, so entdeckt man bald einige Menschen, die nahezu alles in jeder beliebigen Menge essen können, ohne auch nur ein Gramm zuzunehmen, andere wiederum nehmen bei jedem süßen Stück gleich 100 Gramm zu. Dies ist von der Art der Kalorienverbrennung abhängig und kann auch genetische Gründe haben. Hinzu kommen oft noch Schilddrüsenstörungen.

Konkret kann ich aber hier sagen, daß meine Frau, sie wog 63 kg, ohne sonstige Umstellung nach einer dreiwöchigen Kur mit Pu-erh-Kapseln genau 2 kg Gewicht verloren hat. Ihr persönliches Idealgewicht betrug vor zwei Jahren noch 53 kg (sie ist ein zierliches Wesen) und hatte sich durch die Aufgabe des Rauchens um 10 kg erhöht, was völlig normal ist, da sie mehr Süßigkeiten naschte. Im Fall einer Bekannten meiner Frau verlor diese im gleichen Zeitraum 4,5 kg. Sie war mit 81 kg bei nahezu gleicher Körpergröße auch wesentlich fülliger. Dies sind Werte, die aus der Praxis stammen. Aussagen, daß man in 7 Tagen 4 kg oder mehr abnehmen kann, halte ich für übertrieben, denn so große Gewichtsverluste in einem so kurzen Zeitraum sind meist nur das Ergebnis bestimmter Fasten- oder Mangelkuren.

Gibt es bekannte Nebenwirkungen?

Bisher sind in der gesamten Welt noch keine Nebenwirkungen bei hohem Pu-erh-Tee-Genuß bekannt geworden. Aus eigener Erfahrung mit dem Tee kann ich aber sagen, daß ich in den ersten beiden Tagen, in denen ich je rund drei Liter Tee trank und auch noch je zwei Kapseln zu mir nahm, über leichten Durchfall klagte, der am dritten Tag dann aber wieder von alleine nachließ. Ich trinke täglich rund 3 Liter grünen oder Pu-erh-Tee und nehme seit Februar 1999 täglich zwei Pu-erh-Kapseln zu mir, wie meine gesamte Familie. Über unerwünschte Nebenwirkungen können wir alle nicht klagen, eher freuen wir uns über positive Entwicklungen.

Kann Pu-erh-Tee zu Schilddrüsenproblemen führen?

Das halte ich für nahezu unmöglich, doch dies ist nur meine persönliche Meinung, die sich auf Beobachtungen bei meiner Gattin stützt, die seit zwei Jahren wegen Schilddrüsenunterfunktion in ärztlicher Behandlung ist und dadurch auch Hormonprobleme bekam. Seit sie regelmäßig Pu-erh-Kapseln (zwei pro Tag) zu sich nimmt, fühlt sie sich wesentlich wohler, und auch die Hormonprobleme haben spürbar nachgelassen.

Wie schmeckt der Tee eigentlich?

Diese Frage muß sich eigentlich jeder Mensch selbst beantworten, indem er ihn einmal trinkt. Auch ich hatte anfänglich nur Negatives über den Geschmack des Pu-erh-Tees gehört und gelesen. Er schmecke "erdig", hieß es, was auch immer man darunter verstehen mag. Wir haben den "Yunnan Tuocha" in der sogenannten "Mushroom version" ausprobiert, der bei uns häufig angeboten wird. Hierbei handelt es sich um einzeln verpackte kleine hohle Halbkugeln, die für jeweils ein Liter heißes Wasser gedacht sind und dreimal aufgebrüht werden können. Der Tee ist im Glas oder der Tasse dann bernsteinfarben, und wenn man das erste Mal daran schnuppert, hat er ein ganz leicht fischiges Aroma. Doch das verschwindet bereits nach dem ersten Schluck, der mir überraschend angenehm mundete. Der intensive Geschmack erinnert mich in keinster Weise an Erde oder Morast, sondern an einen besonders würzigen Grüntee. Er schmeckt mir allerdings – echte Teefans mögen es mir nachsehen – mit einem Brocken Kandis gesüßt am besten.

Im Internet fand ich dann auch einige Aussagen zu Pu-erh-Tee, und sie ähnelten meinen eigenen Empfindungen. Als ich einige unserer Gäste um ihre Meinung bat, waren die Reaktionen unterschiedlich. Niemand fand zwar den Tee im Geschmack wirklich unangenehm und auch nicht ”erdig”, doch war er nicht jedermanns Sache. Interessant war die Beobachtung, daß echte Teetrinker den Pu-erh nicht besonders mögen, während eingefleischte Kaffeetrinker ihn recht gut fanden und jederzeit wieder trinken würden. So unterschiedlich ist es nun einmal mit dem Geschmack.

Wie muß man den Tee zubereiten?

Man muß nicht gerade eine chinesische oder japanische Teezeremonie abhalten, will man Pu-erh-Tee trinken, doch einige Dinge gilt es dabei zu beachten:

- Niemals kochendes Wasser verwenden. Sie benötigen nicht unbedingt ein Thermometer, um eine exakte Temperatur von 70^0 C zu erreichen. Es genügt, wenn Sie Wasser kurz aufkochen und es dann etwa 2 bis 3 Minuten bei Raumtemperatur abkühlen lassen.
- Keine Metall- oder Glaskanne verwenden, Ton- oder Keramikkannen eignen sich besser. Diese sollten Sie dann nur mit heißem Wasser auswaschen, niemals mit Spülmittel, da von diesem oft Reste in der Kanne verbleiben und so nicht nur den Geschmack, sondern auch die Wirkung beeinträchtigen können.

- Der Pu-erh sollte etwa 5 bis 10 Minuten ziehen. Es gibt hier keine allgemeingültigen Angaben für Ziehzeiten, und Sie sollten selbst ausprobieren, wann er Ihnen am besten schmeckt.

- Sie sollten nach der ersten Leerung den Tee in der Kanne lassen und dann noch ein- bis zweimal aufgießen. Nur so kann er seine vollen Inhaltsstoffe weitergeben. Sie werden überrascht sein: Der zweite Aufguß schmeckt kein bißchen anders als der erste.

- Zur Bereitung von kaltem oder Eistee sollten Sie jeden Aufguß nach spätestens 10 Minuten aus der Kanne nehmen und in einem anderen Gefäß abkühlen lassen. Er schmeckt auch als Eistee nicht schlecht und ist äußerst erfrischend.

Gibt es besondere Lagerhinweise?

Diese Frage hat auch mich bewegt, und so fragte ich in Yunnan nach. Von dort erhielt ich die Antwort, daß der Pu-erh-Tee nicht luftdicht verschlossen gelagert werden sollte. Ein Behältnis mit einem aufgelegten Verschluß oder einem Tuch darüber gegen den normalen Hausstaub genüge völlig. Er sollte auch nicht feucht lagern, da es sonst zu Reaktionen wie Pilzentwicklung kommen könnte. Wir lagern ihn in seiner Originalverpackung (Karton) in einem Küchenschrank.

Man hört so viel von Pestizidbelastung im Tee. Trifft das auch auf den Pu-erh-Tee zu?

Wie bereits berichtet, legt man in Yunnan besonderen Wert darauf, daß in der gesamten Provinz kaum Pestizide eingesetzt werden, weil dies aufgrund der klimatischen Bedingungen nicht nötig ist. Natürlich werden solche Aussagen überall auf der Welt von den für Verkauf von Landesprodukten Verantwortlichen gemacht. Deshalb bat ich den Hersteller der bereits erwähnten Pu-ehr-Kapseln um Auskunft und nach Möglichkeit auch um eine wissenschaftlich fundierte Aussage. Daraufhin erhielt ich folgende chargenbezogene Analysenberichte:

Probe:	Pu-erh Tee	Pu-erh Tee Kapseln
Ch.-Bez:	A 103648	L9076
Probenbearbeitung:	18.03.1999	18.03.1999
Untersuchungs-parameter:	Untersuchung auf Gesamt-DDT-Gehalt	
Untersuchungs-methode:	DFG-Methode S 19	
Untersuchungsergebnis:		
Gehalt an Gesamt DDT:	0,010 mg/kg	0,018 mg/kg
Datum:	23.03.1999	
gez.:	Dr. C. Aypar (Dipl. Chem.)	

Wie man unschwer ablesen kann, liegen die tatsächlichen DDT-Belastungswerte des untersuchten Pu-erh-Tees unter den in der Rückstands-Höchstmengen-Verordnung LMBG (RHMVo). Durch die regelmäßigen Untersuchungen wird die Unbedenklichkeit sichergestellt.

Da sich inzwischen immer mehr Menschen in unserem Land mit dem "geheimnisvollen Tee aus China" befassen, werden wir mit Sicherheit in der Zukunft noch mit zahlreichen neuen Untersuchungsergebnissen konfrontiert, die uns dann weitere Aufschlüsse geben.

Ein persönliches Fazit

Da ich bereits seit mehreren Jahren von den unbestrittenen gesundheitsfördernden Wirkungen des grünen Tees überzeugt bin, stehe ich auch dem Pu-erh-Tee recht positiv gegenüber. Vor allem, seitdem ich ihn selbst regelmäßig trinke und mir so ein eigenes kleines Urteil erlauben kann. Ich sehe den Tee aber nicht als eine Arznei gegen bestimmte gesundheitliche Probleme an, sondern als ein natürliches Nahrungsmittel, das bei regelmäßiger Zufuhr den körperlichen Allgemeinzustand verbessert und sich positiv auf bestimmte Gesundheitsstörungen auswirken kann. Die Praxis zeigt uns tagtäglich, daß z.B. Krebserkrankungen in China weitaus weniger anzutreffen sind als in unserem Land. Hierfür ist mit Sicherheit nicht der Tee als einziger Grund ausschlaggebend, doch ist er m.E. ein kleiner Baustein im großen Puzzle, das "gesunde Lebensweise" heißt. Den Pu-erh-Tee aber deshalb in Deutschland als Arzneimittel einzustufen, wie es seitens des BfArM und einiger sogenannter Verbraucherschutzverbände inzwischen betrieben wird, halte ich für einen Unsinn, hinter dem ich andere Beweggründe als den wirklichen Verbraucherschutz sehe. Welcher Grund sollte denn vorliegen, den deutschen Verbraucher vor einem chinesischen Tee zu schützen, der in seinem Mutterland vom Baby bis hin zum Greis bereits seit mehr als einem Jahrtausend ohne bekannte negative Nebenwirkungen getrunken wird? Das entbehrt in meinen Augen jeder verständlichen Logik.

Im Pu-erh-Tee sehe ich neben dem bekömmlichen Getränk ein wirkliches Ergänzungsmittel zu unserer meist unausgewogenen und häufig denaturierten Nahrung, das zahlreichen Menschen sicherlich beim Abnehmen und anderen als therapieunterstützende Hilfe bei gesundheitlichen Problemen zur Seite stehen kann. Dies gilt in meinen Augen auch für die Pu-erh-Tee-Kapseln, die mir zur Verfügung standen und die meine Familie und ich auch weiterhin verwenden. Natürlich sollte man bei Extrakten und Kapseln vor dem Einkauf genau auf die Inhaltsstoffe achten. Als einfache Faustregel gilt für mich: Kann man aus dem Kapselinhalt durch Wasserzugabe einen Pu-erh-Tee aufbrühen, ist auch wirklich Tee enthalten.

Wie bei allen anderen sogenannten "gesund machenden" Nahrungsmitteln, deren gesundheitsfördernde und vorbeugende Wirkungen bereits seit Jahrhunderten in der Volksmedizin verschiedener Länder beschrieben werden, hat auch der Pu-erh-Tee bei regelmäßigem Genuß bestimmte Wirkungen auf den Körper, die für unsere Gesundheit als positiv einzustufen sind. Ihn deshalb als Arzneimittel deklarieren zu wollen, ist ein bürokratischer Unsinn, wie er eigentlich nur in unserem Land denkbar ist. Wer solche Einteilungen vornehmen will, muß dann zwangsläufig auch zahlreiche Grundnahrungsmittel zu Arzneimitteln umdeklarieren. Wenn jemand beispielsweise eine Sauerkraut-, Joghurt-, Obst-, Gemüse- oder Salatdiät macht, um auf diese Art abzunehmen, erfüllen diese Nahrungsmittel die gleichen Kriterien wie der Tee, der zu diesem Zweck getrunken wird. Wird deshalb aus Gemüse, Obst, Sauerkraut oder Joghurt eine Arznei, nur weil ich beim Genuß hoffe, mich gesunder und kalorienbewußter zu ernähren und so meinen allgemeinen Gesundheitszustand zu verbessern und überflüssige Pfunde zu verlieren? Wer diese Frage mit ja beantwortet, widerspricht damit allen Ratschlägen, die von Ernährungswissenschaftlern rund um den Erdball gegeben werden. Außerdem widerspricht er damit der inzwischen international gültigen Regel: *"Eine gesunde, ausgewogene Ernährung ist die Basis jeglicher Gesundheit!"*

Für meine Familie und mich steht jedenfalls fest: Uns schmeckt der Pu-erh-Tee, die Kapseln tun uns gut, und deshalb werden wir beides auch weiterhin täglich zu uns nehmen, egal ob es Lebensmittel oder Arznei genannt wird.

Anhang

Stichwortverzeichnis

Verzeichnis der wissenschaftlichen Quellen zu Tee-Extrakt

Titel	Namen	Veröffentlichungen
A potent thromboxane formation inhibitor in green tea leaves	M. Ali, M. Afzal, J.F. Gubler, J.F. Burka	Prostaglandins Leukot Essent Fatty Acids, 1990, 40: 281–283
Anticarcinogenic effects of (–)-epigallocatechin gallate	H. Fujiki, S. Yoshizawa, T. Horiuchi u.a.	Prev Med 1992, 21: 503–509
Anticaries effects of polyphenolic compounds from Japanese green tea	S. Otake, M. Makimura, T. Kuroki u.a.	Caries Research, 1991, 25: 438–443
Antimicrobial and microbicidial activities of tea and catechins against Mycoplasma	H. Chosa, M. Toda, S. Okubo u.a.	Kansenshogaku Zasshi, 1992, 66: 606–611

Green tea consumption and serum lipid profiles: a cross-sectional study in northern Kyushu	S. Kono, K. Shinchi, N. Ikeda u.a.	Prev Med, 1992, 21: 526–531
Inhibition of mammary gland carcinogenesis by green tea catechins and other naturally occuring antioxidants in female Sprague-Dawley rats pretreated with 7,12 dimethylbenz(alpha)anthracene	M. Hirose, T. Hoshiya, K. Akagi u.a.	Cancer Letters 1994, 83: 149–156
Inhibitory effects of black tea, green tea, decaffeinated black tea, and decaffeinated green tea on ultraviolet B light-induced skin carcinogenesis in 7,12-dimethylbenz(a)anthracene-initiated SKH-1 mice.	Z.Y. Wang, M.T. Huang, Y.R. Lou u.a.	Cancer Research, 1994, 54: 3428–3435
Inhibitory effect of tea catechins on collagenase activity	M. Makimura, M. Hirasawa, K. Kobayashi u.a.	J Periodontol, 1993, 64: 630–636
Monoamine metabolites iron induced seizures, and the anticonvulsant effect of tannins	H. Kabuto, I. Yokoi, A. Mori	Neurochem Res, 1992, 17: 585–590
Platelet aggregation inhibitors in hot water extract of green tea	Y. Sagesaka-Mitane, M. Miwa, S. Okada	Chem Pharm Bull Tokyo, 1990, 38: 790–793
Protective activity of tea and catechins against Bordetella pertussis	Y. Horiuchi, M. Toda, S. Okubo u.a.	Kansenshogaku Zasshi, 1992, 66: 599–605

Radioprotective effects of (–)-epigallocatechin 3-O-gallate (green-tea tannin) in mice	S. Uchida, M. Ozaki, K. Suzuki, M. Shikita	Life Science, 1992, 50: 147–152
Reduced risk of esophageal cancer associated with green tea consumption	Y.T. Gao, J.K. McLaughlin, W.J. Blot u.a.	Japanese National Cancer Institute, 1994, 86: 855–858
Scavening action of green tea extracts on singlet oxygen and preventive effect on lipid peroxidation	Y. Wu	Chung Kuo I Hsueh Ko Hsueh Yuan Hsueh Pao 1993, 15: 354–359
Tea components: antimutagenic and anticarcinogenic effects.	H. Mukhtar, Z.Y. Wang, S.K. Katiyar, R. Agarwald	Prev Med, 1992, 21: 351–360
Water extract of green tea leaves study	Z.Y. Wang	Cancer Research, 1992, 52: 1162–1170